Kohlhammer

Rolf Wachtel

Fachrechnen für die Feuerwehr

9., erweiterte und überarbeitete Auflage

Verlag W. Kohlhammer

Dieses Werk einschließlich aller seiner Teile ist urheberrechtlich geschützt. Jede Verwendung außerhalb der engen Grenzen des Urheberrechts ist ohne Zustimmung des Verlags unzulässig und strafbar. Das gilt insbesondere für Vervielfältigungen, Übersetzungen, Mikroverfilmungen und für die Einspeicherung und Verarbeitung in elektronischen Systemen.
Die Wiedergabe von Warenbezeichnungen, Handelsnamen und sonstigen Kennzeichen in diesem Buch berechtigt nicht zu der Annahme, dass diese von jedermann frei benutzt werden dürfen. Vielmehr kann es sich auch dann um eingetragene Warenzeichen oder sonstige geschützte Kennzeichen handeln, wenn sie nicht eigens als solche gekennzeichnet sind.
Die Abbildungen stammen – sofern nicht anders angegeben – von dem Autor.

9. Auflage 2025

Alle Rechte vorbehalten
© W. Kohlhammer GmbH, Stuttgart
Gesamtherstellung: W. Kohlhammer GmbH, Stuttgart

Print:
ISBN 978-3-17-036101-0

E-Book-Formate:
pdf: ISBN 978-3-17-036103-4
epub: ISBN 978-3-17-036105-8

Für den Inhalt abgedruckter oder verlinkter Websites ist ausschließlich der jeweilige Betreiber verantwortlich. Die W. Kohlhammer GmbH hat keinen Einfluss auf die verknüpften Seiten und übernimmt hierfür keinerlei Haftung.

Motivation für dieses Fachbuch

Feuerwehralltag bedeutet Umgang mit Technik, die dazu dient, bei einem Schadensfall Betroffenen zu helfen. So wie unsere ganze Umwelt immer komplexer in ihren Zusammenhängen und Ablaufen wird, so wird auch der Anspruch an den Bediener der modernen Rettungstechnik höher. Zwar hat auch hier die Automatisierung Einzug gehalten und viele Dinge erledigen sich quasi von selbst. Aber gerade dieser Effekt führt dazu, dass Zusammenhänge und physikalische Grenzen nicht mehr bekannt sind und es dann zu riskantem Vorgehen und fehlerhaftem Einsatz der Technik kommt. Daher muss man die Fähigkeiten und die Grenzen der zur Verfügung stehenden Technik kennen. Das Fachbuch »Fachrechnen für die Feuerwehr« soll mit Grundlagenwissen, Methoden und Übungsaufgaben dazu beitragen, dass entsprechende Überlegungen, Berechnungen oder auch nur Abschätzung richtig durchgeführt werden. Natürlich kann ein Fachbuch sich innerhalb eines so großen Bereiches nur auf das Wesentliche konzentrieren. Die Auswahl der betrachteten Themen ist unvollständig und könnte um viele Aspekte ergänzt werden. Daneben wurde beim Verfassen dieses Fachbuches Wert auf einen hohen Praxisbezug gelegt. Nur wenn es für das Verständnis bzw. die Grenzen eines rechnerischen Modells wichtig ist, wird vertieft auch auf theoretische Grundlagen eingegangen.

Bei der Erstellung dieses Fachbuches war es das Ziel, dass alle Kapitel aufeinander aufbauen und möglichst nur die im Rahmen dieses Fachbuches exemplarisch ausgewählten physikalisch technischen Größen verwendet werden. Aufgrund der Fülle des zu betrachtenden Wissensspektrums ist dies nicht immer durchführbar gewesen. Falls dieses Prinzip einmal nicht eingehalten werden konnte, wird auf das jeweilige Kapitel verwiesen bzw. die Größe zumindest kurz vorgestellt.

Die Zahlen in diesem Buch wurden in der Regel mit Ziffern geschrieben. Nur, wenn es für die Lesbarkeit erforderlich war, wurden die Zahlen ausgeschrieben.

Auf die Genauigkeit und damit Aussagekraft der Ergebnisse wurde besonderer Wert gelegt, deshalb wurden auch die Rechenergebnisse, wo angegeben, entsprechend den signifikanten Stellen in der Regel gerundet. Das Rundungszeichen ($\approx$) weist daraufhin, dass die nachfolgende Zahl sinnvoll gerundet wurde. Wenn Zwischenergebnisse zur besseren Lesbarkeit abgeschnitten wurden, erfolgte dies im Rahmen der Genauigkeit.

Inhaltsverzeichnis

	Motivation für dieses Fachbuch	**5**
1	**Mathematische Grundlagen**	**11**
1.1	Die vier Grundrechenarten	11
1.1.1	Addition	11
1.1.2	Subtraktion	11
1.1.3	Multiplikation	12
1.1.4	Division	13
1.1.5	Gemischte Rechnungen	14
1.2	Bruchrechnung	14
1.2.1	Rechenregeln für das Bruchrechnen	15
1.2.1.1	Kürzen von Brüchen	15
1.2.1.2	Erweitern von Brüchen	15
1.2.1.3	Addition von Brüchen	17
1.2.1.4	Subtraktion von Brüchen	18
1.2.1.5	Multiplikation von Brüchen	19
1.2.1.6	Division von Brüchen	19
1.2.2	Dezimalzahlen	20
1.2.2.1	Addition von Dezimalzahlen	21
1.2.2.2	Subtraktion von Dezimalzahlen	21
1.2.2.3	Multiplikation von Dezimalzahlen	22
1.2.2.4	Division von Dezimalzahlen	23
1.3	Rechnen mit physikalischen/technischen Größen (Einheiten)	24
1.3.1	Einheitensystem – Système International Unité (Si)	25
1.3.2	Formelzeichen	26
1.3.3	Addition und Subtraktion von physikalischen/technischen Größen	27
1.3.4	Multiplikation/Division von physikalischen/technischen Größen	29
1.4	Lösung von Gleichungen	31
1.5	Dreisatz	35
1.6	Prozent- und Promillerechnung	38
1.7	Mittelwerte und Durchschnittswerte	41
1.8	Winkel	42
1.8.1	Addition von Winkeln	45
1.8.2	Subtraktion von Winkeln	45

Inhaltsverzeichnis

1.8.3	Multiplikation von Winkeln	46
1.8.4	Division von Winkeln	47
1.8.5	Umrechnen von Minuten und Sekunden in Dezimalwerte	47
1.8.6	Umrechnung von Dezimalgrad in Grad-Minuten-Sekunden	48
1.8.7	Winkelangaben im Bogenmaß	48
1.8.8	Umrechnung von Winkel in Bogenmaß	49
1.9	Berechnung von Flächen und deren Umfang	51
1.9.1	Flächenberechnung Rechteck und Quadrat	51
1.9.2	Flächenberechnung Dreieck	52
1.9.3	Trigonometrie im rechtwinkligen Dreieck	55
1.9.4	Flächenberechnung unregelmäßiger Vier- und Vielecke	60
1.9.5	Flächenberechnung Parallelogramm	60
1.9.6	Flächenberechnung Trapez	61
1.9.7	Berechnung von Fläche und Umfang eines Kreises	63
1.10	Berechnen von Rauminhalten (Volumina) und Oberflächen geometrischer Körper	65
1.10.1	Volumenberechnung Quader	65
1.10.2	Volumenberechnung Würfel	66
1.10.3	Volumenberechnung rechteckige Pyramide	67
1.10.4	Volumenberechnung Zylinder	68
1.10.5	Volumenberechnung (Kreis-)Kegel	70
1.10.6	Volumenberechnung Kugel	72
1.11	Runden und Abschätzen von Fehlern	73
1.11.1	Ursachen von Messfehlern/-unsicherheiten	75
1.11.2	Runden bei Mess- oder Rechenergebnissen	76
1.11.3	Überschlagsrechnung	79
1.12	Mathematische Darstellungsformen	81
2	**Wichtige Naturgesetze, die jede Feuerwehreinsatzkraft kennen sollte**	**86**
2.1	Mechanik fester Gegenstände/Körper	86
2.1.1	Physikalische Modelle zur Beschreibung von Körpern	86
2.1.1.1	Das Modell Massepunkt	86
2.1.1.2	Das Modell starrer Körper	88
2.1.2	Bewegung von Körpern (Kinematik)	88
2.1.2.1	Geschwindigkeit	88
2.1.2.2	Die gleichförmige Bewegung	89
2.1.2.3	Die ungleichförmige Bewegung	90
2.1.2.4	Beschleunigung	92

Inhaltsverzeichnis

2.1.2.5	Die gleichförmig beschleunigte/verzögerte Bewegung	93
2.1.2.6	Die ungleichmäßig beschleunigte/verzögerte Bewegung	95
2.1.2.7	Kreisbewegung	96
2.1.3	Kraft	99
2.1.4	Masse	100
2.1.5	Gewichtskraft	100
2.1.6	Zusammenwirkung von Kräften	101
2.1.7	Druck	102
2.1.8	(Mechanische) Arbeit	103
2.1.9	Energieerhaltungssatz	105
2.1.10	Leistung	106
2.1.11	Wirkungsgrad	109
2.2	Einfache Maschinen	111
2.2.1	Hebel	111
2.2.2	Drehmoment	112
2.2.3	Zahnräder	118
2.2.4	Flaschenzug	120
2.3	Mechanik von Flüssigkeiten	124
2.3.1	Druckverhältnisse in Flüssigkeiten	125
2.3.2	Auftriebskraft (Auftrieb)	127
2.3.3	Strömung	128
2.3.4	Kontinuitätsgleichung der stationären Strömung	129
2.3.5	Förderstrom	130
2.3.6	Fließgeschwindigkeit	132
2.3.7	Zusammenhang Strömungsgeschwindigkeit und Druck: Bernoulli-Gleichung	132
2.4	Wärmelehre (Thermodynamik)	135
2.4.1	Temperatur	136
2.4.2	Wärmekapazität und Phasenübergänge	138
2.4.3	Wärmeausdehnung	139
2.4.3.1	Längenausdehnung	139
2.4.3.2	Volumenausdehnung	140
2.4.4	Wärmetransport	142
2.4.4.1	Wärmeleitung	142
2.4.4.2	Wärmeströmung (Konvektion)	144
2.4.4.3	Wärmestrahlung	144
2.4.5	Wärmefreisetzung beim Verbrennungsvorgang	145
2.5	Mechanik von Gasen	146

Inhaltsverzeichnis

2.5.1	Gase: Verhältnis von Druck und Volumen	147
2.5.2	Gase: Verhältnis von Temperatur und Volumen	148
2.5.3	Relative Masse von Gasen zu Luft	149
3	**Vermischte Aufgaben und zugehörige Lösungen**	**152**
3.1	Aufgaben Dreisatz	152
3.2	Aufgaben Prozentrechnung	153
3.3	Aufgaben Mittelwert	156
3.4	Aufgaben Längen-, Flächen-, Volumenberechnung/Dichte	157
3.5	Aufgaben Gleichförmige Bewegung	163
3.6	Aufgabe Kräfte	164
3.7	Aufgaben Druck	165
3.8	Aufgaben Arbeit/Leistung/Wirkungsgrad	166
3.9	Aufgaben Drehmomente	169
3.10	Aufgaben Auftriebskraft	175
3.11	Aufgaben Mechanik von Gasen	176
3.12	Aufgabe Wärmefreisetzung beim Verbrennungsvorgang	178
Danksagung		**179**
Literaturverzeichnis		**180**
Anhang: Tabellen		**184**

1 Mathematische Grundlagen

1.1 Die vier Grundrechenarten

1.1.1 Addition

Die Addition ist die erste Grundrechenart (lat. addere = hinzufügen). Hierbei geht es um das Zusammenzählen von zwei oder mehr Zahlen.

> **Beispiele:**
> $2 + 4 = 6$.
> $7 + 5 + 8 = 20$.
> $9 + 2 + 1 + 3 = 15$.

Der Operator für die Addition ist das Pluszeichen ($+$). Ein Operator (lat. operator = Arbeiter, Verrichter) ist eine mathematische Vorschrift, die festlegt, wie aus mathematischen Objekten (z. B. Zahlen, geometrische Körper) neue mathematische Objekte gebildet werden. Die zu addierenden Zahlen werden Summanden genannt, das Ergebnis der Addition ist die Summe (lat. summare = existieren, sich befinden). Es gilt:

$$412 \quad + \quad 367 \quad = \quad 779.$$
$$\text{Summand} \quad \text{Operator} \quad \text{Summand} \quad = \quad \text{Summe}$$

1.1.2 Subtraktion

Bei der zweiten Grundrechenart, der Subtraktion (lat. substrahere = wegziehen), wird eine Zahl von einer anderen Zahl abgezogen. Der Operator für die Subtraktion ist das Minuszeichen ($-$). Die zu verringernde Zahl heißt Minuend (lat. minuere = verringern). Die Zahl, die vom Minuend abgezogen wird, ist der sogenannte Subtrahend. Das Ergebnis einer Subtraktion ist die Differenz (lat. differentia = Unterschied). Es gilt:

$$37 \quad - \quad 21 \quad = \quad 16.$$
$$\text{Minuend} \quad \text{Operator} \quad \text{Subtrahend} \quad = \quad \text{Differenz.}$$

Sind die beiden Zahlen gleich groß, ist das Ergebnis 0. Ist die zweite Zahl größer als die erste Zahl, so ist das Ergebnis eine negative Zahl. Das bedeutet, dass man auf dem

1 Mathematische Grundlagen

Zahlenstrahl den Punkt 0 überschritten hat und die Zahlenwerte kleiner als 0 sind. Sie werden mit einem Minuszeichen versehen.

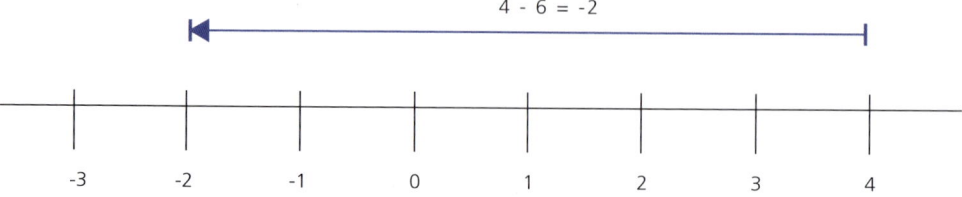

Bild 1: *Negative Zahlen (vgl. Rudolph, 2022[1])*

In diesem Fall ist der Rechenvorgang umzudrehen. Es wird der kleinere Zahlenwert vom größeren abgezogen und das Ergebnis mit einem Minuszeichen versehen. Gerade auch bei physikalischen/technischen Größen kommen negative Zahlenwerte vor. So gibt es in der Celsius-Skala negative Temperaturwerte (▶ Kapitel 2.4.1) und Verzögerungen (Bremsvorgänge) sind negative Beschleunigungen (▶ Kapitel 2.1.2.4).

> **Beispiele:**
> $13 - 2 = 11.$
> $234 - 237 = -(237 - 234) = -3.$

1.1.3 Multiplikation

Eine weitere Grundrechenart ist die Multiplikation (lat. multiplicare = vervielfältigen). Dabei werden 2 oder mehrere Zahlen miteinander multipliziert. Die Multiplikation ist genau betrachtet eine Abkürzung für eine mehrfach durchgeführte Addition. Es wird nämlich die gleiche Zahl mehrmals addiert.

> **Beispiele:**
> $2 \cdot 8 \cdot 3 = (8 + 8) + (8 + 8) + (8 + 8) = 16 + 16 + 16 = 48.$
> $8 \cdot 4 = 4 + 4 + 4 + 4 + 4 + 4 + 4 + 4 = 32.$

Der Operator der Multiplikation ist das Malzeichen (·). Oftmals wird hierfür auch ein (x) oder ein (*) verwendet. Die Zahlen, die man miteinander multipliziert, nennt man Faktoren (lat. factor = Macher). Das Ergebnis einer Multiplikation heißt Produkt (lat. productum = das Hervorgebrachte).

1.1 Die vier Grundrechenarten

Es gilt:

$$8 \cdot 3 \cdot 3 = 72.$$
Faktor Operator Faktor Operator Faktor = Produkt.

Folgende Rechenregeln gelten für die Multiplikation:
- Sind beide Faktoren positiv, so ist das Ergebnis wieder eine positive Zahl.
  Bsp.: $8 \cdot 2 = 16$. Kurzschreibweise: $+ \cdot + = +$.
- Ist einer der beiden Faktoren negativ, so ist das Ergebnis eine negative Zahl.
  Bsp.: $6 \cdot (-3) = -18$. Kurzschreibweise: $+ \cdot - = -$ bzw. $- \cdot + = -$.
- Sind beide Faktoren negativ, so ist das Ergebnis eine positive Zahl.
  Bsp.: $-9 \cdot (-3) = 27$. Kurzschreibweise $- \cdot - = +$.

1.1.4 Division

Die vierte und letzte Grundrechenart ist die Division (lat.: divisio = Teilung). Hierbei handelt es sich um die Umkehrung der Multiplikation.

> **Beispiele:**
> $9 : 3 = 3$.
> $32 : 8 = 4$.

Der Operator für die Division ist das Geteiltzeichen (:) oder auch (/). Der Bruchstrich bei einem Bruch ist ebenfalls ein Kurzzeichen für eine Division (▶ Kapitel 1.2). Die zu dividierende Zahl heißt Divident (lat. dividendus = zu teilender Wert). Die Zahl, durch die geteilt wird, ist der Divisor (lat. divisor = (Ab)teiler). Das Ergebnis der Division ist wiederum der Quotient (lat. quotiens = wie oft, wievielmal).
Es gilt:

$$18 : 3 = 6.$$
Divident Operator Divisor = Quotient

Die zur Multiplikation genannten Vorzeichenregeln gelten auch bei der Division. Kurzschreibweise:
- $+ : + = +$.
- $+ : - = -$.
- $- : + = -$.
- $- : - = +$.

1 Mathematische Grundlagen

1.1.5 Gemischte Rechnungen

Werden in einer Rechnung Grundrechenarten gemischt, so gilt die Regel: Punkt geht vor Strich.

> **Beispiel:**
> $3 \cdot 6 + 4 \cdot 8 = 50$.
> Es werden zuerst die Produkte $3 \cdot 6 = 18$ und $4 \cdot 8 = 32$ gebildet, da ihre Faktoren durch Punkte verbunden sind. Dann werden die beiden Produkte addiert.

Anders ist zu verfahren, wenn Klammern gesetzt sind, die zuerst ausgerechnet werden müssen.

> **Beispiel:**
> $3 \cdot (6 + 4) \cdot 8 = 3 \cdot 10 \cdot 8 = 240$.
> Hierbei handelt es sich um ein Produkt aus 3 Faktoren. Einer davon ist die Klammer, deren Wert, also $(6 + 4) = 10$, zuerst ausgerechnet werden muss. Anschließend wird diese Summe mit den anderen Faktoren multipliziert.

1.2 Bruchrechnung

Im Alltag hat man es nicht immer mit ganzen Zahlen zu tun. So sind ganze Zahlen ohne Nachkommastellen als Ergebnis einer Division oder anderer technischer Rechnungen eher die Ausnahme. Auch in der Umgangssprache werden oftmals Bruchteile oder Brüche benutzt. Beispielsweise, wenn die Rückmeldung kommt, dass ein Faltbehälter zu einem Drittel gefüllt oder der Fahrzeugtank noch halb voll ist. Einfache oder auch gemeine Brüche geben Anteile oder Verhältnisse an. In der Mathematik werden Brüche mit Hilfe eines Bruchstrichs ausgedrückt:

- ein Halb: $\frac{1}{2}$.
- ein Achtel: $\frac{1}{8}$.

Die Zahl oberhalb des Bruchstrichs nennt man den Zähler, die Zahl unterhalb des Bruchstrichs den Nenner. Zähler und Nenner können dabei unterschiedliche ganze Zahlen annehmen. Da der Bruchstrich zwischen Zähler und Nenner letztendlich dieselbe Bedeutung wie eine Division hat, kann man einen Bruch auch als Quotient bezeichnen und in eine Dezimalzahl umrechnen (▶ Kapitel 1.2.2).

1.2 Bruchrechnung

> **Beispiele:**
> $\frac{1}{2} = 1 : 2 = 0{,}5.$
> $\frac{3}{8} = 3 : 8 = 0{,}375.$

Ein Bruch, dessen Zähler und Nenner gleich sind (z. B. $\frac{4}{4}, \frac{17}{17}, \frac{234}{234}$ usw.), hat immer den Wert 1. Bei Brüchen wird zwischen echten und unechten Brüchen unterschieden. Bei einem echten Bruch ist der Zähler kleiner als der Nenner (z. B. $\frac{23}{70}, \frac{4}{9}$ usw.), d. h. der Wert des Bruches ist kleiner 1.

Bei einem unechten Bruch ist dies umgekehrt, d. h. der Zähler ist größer als der Nenner (z. B. $\frac{456}{334}, \frac{34}{20}$ usw.), daraus folgt, dass der Wert des Quotienten größer 1 ist.

1.2.1 Rechenregeln für das Bruchrechnen

Brüche können gekürzt oder erweitert werden, ohne dass sich ihr Wert ändert. In den folgenden Kapiteln werden diese beiden mathematischen Operationen erläutert.

1.2.1.1 Kürzen von Brüchen

Kürzen bedeutet, dass man Zähler und Nenner durch die gleiche Zahl teilt. Wenn man den Zähler durch die Zahl teilt, wird dieser kleiner. Da aber auch der Nenner um den gleichen Faktor verkleinert wird, ändert der Bruch wiederum seinen Wert nicht.

> **Beispiele**
> $\frac{6}{24} = \frac{6 : 3}{24 : 3} = \frac{2}{8} = \frac{2 : 2}{8 : 2} = \frac{1}{4}.$
> $\frac{234}{39} = \frac{234 : 13}{39 : 13} = \frac{18}{3} = \frac{18 : 3}{3 : 3} = 6.$

1.2.1.2 Erweitern von Brüchen

Erweitern bedeutet Zähler und Nenner mit der gleichen Zahl zu multiplizieren. Man spricht auch davon, den gleichen Faktor hinzuzufügen. Wie schon beim Kürzen ändert sich der Wert des Bruches nicht.

1 Mathematische Grundlagen

> **Beispiele:**
> $\frac{1}{3} = \frac{1 \cdot 8}{3 \cdot 8} = \frac{8}{24}$.
> Wenn man dieses Beispiel wieder mit 8 kürzen würde, kommt man wieder zum ursprünglichen Bruch.
> $\frac{8}{24} = \frac{8:8}{24:8} = \frac{1}{3}$.

Beide Vorgänge sind für technische Rechnungen wichtig, insbesondere für die Umwandlung von Maßeinheiten und das Umstellen von Formeln (▶ Kapitel 1.3.4 und 1.4). Um zu erkennen, welche Faktoren im Zähler und Nenner gleich sind und ggf. gekürzt werden können, ist es notwendig, Zähler und Nenner in Primfaktoren zu zerlegen. Dabei gilt, dass jede natürliche Zahl in Primfaktoren zerlegt werden kann. Die natürlichen Zahlen definieren sich darüber, dass mit ihnen jede Art von Objekten gezählt werden kann. Oftmals wird auch die 0 zu den natürlichen Zahlen gezählt (Duden, 2021[1]). Bei Primzahlen handelt es sich um natürliche Zahlen, die nur durch sich selbst und durch 1 ohne Rest teilbar sind. Da man die 1 bei den Primzahlen ausgenommen hat, lauten die ersten Primzahlen 2, 3, 5, 7, 11, 13, 17, 19, 23, 29, 31, 37, 41, 43, 53, 59 usw. Bei der Primfaktorzerlegung geht es darum, eine Zahl in möglichst kleine Primzahlen zu zerlegen und diese miteinander zu multiplizieren. Diese nennt man dann Primfaktoren.

> **Beispiele:**
> $33 = 3 \cdot 11$.
> $413 = 7 \cdot 59$.
> $6\,292 = 2 \cdot 2 \cdot 11 \cdot 11 \cdot 13 = 2^2 \cdot 11^2 \cdot 13$.
> $53 = 53$ nicht weiter zerlegbar, da eine Primzahl.

Wenn ein Primfaktor mehrfach vorkommt, kann die Potenzschreibweise verwendet werden. Hierbei wird die Zahl nur einmal geschrieben und mit einer höhergestellten Zahl (Hochzahl) versehen. Diese wird auch Exponent (lat. exponere = herausstellen) genannt und sagt aus, wie oft die Zahl mit sich selbst multipliziert wird.

Für die Faktorzerlegung gelten folgende Gesetzmäßigkeiten, die sogenannten Teilbarkeitsregeln (mathe-lexikon.at, 2022). Man kann einer Zahl ansehen,
- ob sie durch 2 teilbar ist: letzte Ziffer gerade.
- ob sie durch 3 teilbar ist: Quersumme teilbar durch 3 ohne Rest. Die Quersumme ist die Summe der einzelnen Ziffern einer Zahl.

1.2 Bruchrechnung

- ob sie durch 4 teilbar ist: aus den letzten beiden Ziffern gebildete Zahl durch 4 ohne Rest teilbar.
- ob sie durch 5 teilbar ist: letzte Ziffer 0 oder 5.
- ob sie durch 8 teilbar ist: aus den letzten drei Ziffern gebildete Zahl durch 8 ohne Rest teilbar.
- ob sie durch 10 teilbar ist: letzte Ziffer 0.

> **Beispiel:**
> Quersumme von 18 ist $8 + 1 = 9$. Da 9 durch 3 ohne Rest geteilt werden kann, ist auch 18 durch 3 ohne Rest teilbar.

1.2.1.3 Addition von Brüchen

> **Beispiel:**
> Wenn man jeweils 2 noch zu $\frac{1}{4}$ gefüllte Schaummittelkanister in einen zu $\frac{1}{2}$ gefüllten Kanister umfüllt, dann erhält man insgesamt 1 vollen Schaummittelkanister.
> $\frac{1}{2} + \frac{1}{4} + \frac{1}{4} = \frac{1}{1} = 1$.

Um dies rechnerisch nachvollziehen zu können, muss man Brüche addieren. Die Vorgehensweise bei der Addition erfolgt in drei Schritten:
1. Brüche auf den gleichen Nenner bringen,
2. Brüche addieren,
3. Ergebnisbruch kürzen.

Schritt 1: Brüche auf den gleichen Nenner bringen
Um Brüche addieren zu können, müssen sie denselben Nenner haben. Dies geschieht durch Kürzen oder Erweitern.

> **Beispiel:**
> $\frac{1}{2} + \frac{1}{4} + \frac{1}{4} = \frac{1 \cdot 2}{2 \cdot 2} + \frac{1}{4} + \frac{1}{4} = \frac{2}{4} + \frac{1}{4} + \frac{1}{4}$.

Schritt 2: Brüche addieren
Hierzu werden die beiden Zähler auf einen Bruchstrich geschrieben und addiert. Der Nenner bleibt erhalten.

1 Mathematische Grundlagen

> **Beispiel:**
> $$\frac{2}{4} + \frac{2}{4} = \frac{2+2}{4} = \frac{4}{4}.$$

Schritt 3: Ergebnisbruch kürzen
Wenn die Brüche addiert wurden, kann oftmals das Ergebnis noch vereinfacht werden, z. B. indem man Zähler und Nenner durch die gleiche ganze Zahl teilt.

> **Beispiel:**
> $$\frac{4}{4} = \frac{4:4}{4:4} = 1.$$

Bei sehr großen Zahlen ist es oft besser, mehrfach zu kürzen, d. h. den Zähler und Nenner z. B. erst mit 2 oder 3 zu kürzen. Meist lassen sich dann weitere gemeinsame Faktoren von Zähler und Nenner erkennen. Wenn der neue Bruch dann auch wieder gemeinsame Faktoren besitzt, wird erneut gekürzt.

1.2.1.4 Subtraktion von Brüchen

Wie beim Addieren von Brüchen wird in drei Schritten vorgegangen:
1. Brüche auf den gleichen Nenner bringen,
2. Zähler subtrahieren,
3. Ergebnisbruch kürzen.

Schritt 1: Brüche auf den gleichen Nenner bringen
Um Brüche subtrahieren zu können, müssen – wie bei der Addition bereits festgestellt – beide auf den gleichen Nenner gebracht worden sein.

> **Beispiel:**
> $$\frac{5}{6} - \frac{1}{2} = \frac{5}{6} - \frac{1 \cdot 3}{2 \cdot 3} = \frac{5}{6} - \frac{3}{6}.$$

Schritt 2: Brüche subtrahieren
Hierzu werden die beiden Zähler auf einen Bruchstrich geschrieben und subtrahiert. Der Nenner bleibt gleich.

1.2 Bruchrechnung

> **Beispiel:**
> $$\frac{5}{6} - \frac{3}{6} = \frac{5-3}{6} = \frac{2}{6}.$$

Schritt 3: Ergebnisbruch kürzen

Anschließend kann das Ergebnis oftmals noch vereinfacht werden. So kann man z. B. Zähler und Nenner durch die gleiche ganze Zahl teilen.

> **Beispiel:**
> $$\frac{2}{6} = \frac{2:2}{6:2} = \frac{1}{3}.$$

1.2.1.5 Multiplikation von Brüchen

Die Multiplikation von Brüchen ist ganz einfach. Hierzu werden lediglich die Zähler und die Nenner miteinander multipliziert.

> **Beispiele:**
> $$\frac{12}{7} \cdot \frac{3}{5} = \frac{12 \cdot 3}{7 \cdot 5} = \frac{36}{35}.$$
> $$\frac{3}{7} \cdot \frac{2}{6} = \frac{3 \cdot 2}{7 \cdot 6} = \frac{6}{42} = \frac{3}{21} = \frac{1}{7}.$$

Im zweiten Beispiel konnte der Bruch noch einmal mit 2 und dann mit 3 gekürzt werden.

1.2.1.6 Division von Brüchen

Als letzte Operation wird nun noch das Dividieren mit Brüchen behandelt. Dazu wird der erste Bruch mit dem Kehrwert des Bruches, durch den dividiert werden soll, multipliziert. Kehrwert bedeutet, dass Zähler und Nenner vertauscht werden.

Beispiele:

$$\frac{3}{5} : \frac{6}{13} = \frac{3}{5} \cdot \frac{13}{6} = \frac{3 \cdot 13}{5 \cdot 6} = \frac{39}{30} = \frac{13}{10} = \frac{10+3}{10} = 1\frac{3}{10}.$$

$$\frac{3}{4} : \frac{2}{7} = \frac{3}{4} \cdot \frac{7}{2} = \frac{3 \cdot 7}{4 \cdot 2} = \frac{21}{8} = 2\frac{5}{8}.$$

$$\frac{5}{16} : \frac{15}{24} = \frac{5}{16} \cdot \frac{24}{15} = \frac{5 \cdot 24}{16 \cdot 15} = \frac{5 \cdot 3 \cdot 8}{2 \cdot 8 \cdot 3 \cdot 5} = \frac{1}{2}.$$

1.2.2 Dezimalzahlen

Eine andere Möglichkeit, Teile einer Gesamtheit darzustellen, sind die sogenannten Dezimalzahlen. Im Alltag begegnet uns fast ausschließlich diese Zahlenangabe, insbesondere bei technischen Rechnungen. Sie sollen deshalb hier genauer betrachtet werden. Der sichere Umgang mit ihnen ist eine der wichtigsten Voraussetzungen für die Lösung technischer Rechenaufgaben. Dabei ist insbesondere auf die Stelle des Kommas in der Dezimalzahl zu achten. Wird ein Komma nur um eine Ziffer verschoben – an der falschen Stelle – gesetzt, so verfälscht sich das Ergebnis um das Zehnfache.

Ein Bruch, dessen Nenner eine Potenz von 10 ist, wird Dezimalbruch genannt. Er kann als Dezimalzahl geschrieben werden. Es gilt dabei:

$10^0 = 1$; $10^1 = 10$; $10^2 = 10 \cdot 10 = 100$; $10^3 = 10 \cdot 10 \cdot 10 = 1\,000$ usw.

Beispiele:

$$\frac{1}{10} = 1 : 10 = 0{,}10.$$

$$\frac{3}{100} = 3 : 100 = 0{,}03.$$

$$\frac{8}{1\,000} = 8 : 1\,000 = 0{,}008.$$

Dabei gibt die erste Stelle hinter dem Komma die Zehntel, die zweite Stelle hinter dem Komma die Hundertstel und die dritte Stelle hinter dem Komma die Tausendstel usw. an. Alle bislang betrachteten Brüche können in Dezimalzahlen umgewandelt werden, indem man Zähler durch Nenner teilt. Eine Dezimalzahl wird in einen Bruch umgewandelt, indem man das Komma weglässt, den Zahlenwert als Zähler einsetzt und den Nenner folgendermaßen bildet: Setzen einer Potenz von 10, die so viele Nullen besitzt wie die Dezimalzahl Stellen hinter dem Komma hat.

1.2 Bruchrechnung

Beispiele:

$0{,}5 = \frac{5}{10}$. Eine Dezimalstelle ergibt eine 1 mit einer Null im Nenner.

$0{,}35 = \frac{35}{100}$. Zwei Dezimalstellen ergeben eine 1 mit zwei Nullen im Nenner.

$1{,}825 = \frac{1\,825}{1\,000} = \frac{73 \cdot 25}{40 \cdot 25} = \frac{73}{40}$. Drei Dezimalstellen ergeben eine 1 mit drei Nullen im Nenner usw.

Man kann nun noch kürzen und erhält: $1\frac{33}{40}$.

Da Brüche in Dezimalzahlen und umgekehrt gewandelt werden können, haben wir nun die Möglichkeit, die für die jeweilige Situation besser geeignete Darstellungsform zu wählen.

1.2.2.1 Addition von Dezimalzahlen

Beispiel:
$0{,}33 + 1{,}18 + 4{,}04 + 0{,}707 = 6{,}257 \approx 6{,}26$.

Die Dezimalzahlen werden so untereinander geschrieben, dass die Kommata stets untereinanderstehen und dann die Zahlen der einzelnen Spalten (von rechts nach links) addiert werden. Ist die Summe größer als 9, wird die erste der zwei Ziffern zur nächsten Zahlenkolonne addiert.

```
  0 , 3 3
  1 , 1 8
  4 , 0 4
+ 0 , 7 0 7
      1 1
─────────────
  6 , 2 5 7
```
$\approx 6{,}26$ (gerundetes Ergebnis, näheres hierzu ▶ Kapitel 1.11.2)

1.2.2.2 Subtraktion von Dezimalzahlen

Beim Subtrahieren wird analog wie beim Addieren verfahren. Wenn der Subtrahend größer als der Minuend ist, gilt das schon bei der allgemeinen Subtraktion Gesagte.

Beispiel:
$1{,}45 - 2{,}59 = -(-1{,}45 + 2{,}59) = -(2{,}59 - 1{,}45) = -1{,}14$.

1 Mathematische Grundlagen

Bei komplexeren Berechnungen werden die Dezimalzahlen genauso wie bei der Addition untereinandergeschrieben und dann die untenstehenden Zahlen von den oberen abgezogen. Begonnen wird ganz rechts mit der kleinsten Stelle. Ist die untere Ziffer größer als die obere, so wird die nächste Zehnerstelle der oberen Zahl um 1 verkleinert und der rechts davon stehenden Stelle zugerechnet, sodass aus der hinteren Ziffer eine Zahl größer als 10 wird. Davon kann dann die untere Zahl abgezogen werden. Die Verringerung der nächsten Zehnerstelle erreicht man dann, indem man eine 1 zur unteren Stelle addiert.

> **Beispiel:**
> $985{,}23 - 678{,}76 = 306{,}47.$

$$\begin{array}{r} 985{,}23 \\ -\ 678{,}76 \\ {}_{1\ 1\ 1} \\ \hline 306{,}47 \end{array}$$

Vorgehen:
- Rechte Spalte: $3-6$ wird zu $13-6=7$.
- Nächste Spalte: zur 7 wird eine 1 addiert. $7+1=8$. Dies ist wieder größer als 2, d. h. es werden 10 dazu addiert und $12-8=4$.
- Nächste Spalte: zur 8 wird eine 1 addiert. $8+1=9$. Dies ist wieder größer als 5, d. h. es werden 10 dazu addiert und $15-9=6$.
- Nächste Spalte: zur 7 wird eine 1 addiert. $7+1=8$. Dies ist nicht größer als die obere 8 und kann einfach abgezogen werden $8-8=0$.
- Die Ziffern der linken Spalte können ebenfalls ganz einfach voneinander abgezogen werden.

1.2.2.3 Multiplikation von Dezimalzahlen

Dezimalzahlen werden multipliziert, indem die Zahlenfolgen zunächst ohne Berücksichtigung des Kommas multipliziert werden. Dann wird das Komma im Ergebnis so gesetzt, dass dieses die gleiche Anzahl Dezimalstellen erhält, wie die Faktoren die Dezimalstellen zusammen haben.

1.2 Bruchrechnung

> **Beispiele:**
> $1{,}5 \cdot 1{,}5 = 2{,}25 \approx 2{,}3$.
> Zuerst werden die Zahlenfolgen ohne Berücksichtigung der Kommata multipliziert:
> $15 \cdot 15 = 225$.
> Beide Faktoren haben je eine Dezimalstelle hinter dem Komma, zusammen also zwei. Somit sind vom Ergebnis 225 zwei Dezimalstellen von rechts her abzustreichen. Das Ergebnis ist also: $2{,}25 \approx 2{,}3$.
>
> $0{,}8 \cdot 3{,}724 = 2{,}9792 \approx 3$.
> $8 \cdot 3\,724 = 29\,792$.
> Der erste Faktor hat eine, der zweite Faktor hat drei Stellen rechts vom Komma, zusammen also vier Stellen hinter dem Komma, die abgestrichen werden. Ergebnis ist also: $2{,}9792 \approx 3$.
>
> $3{,}33 \cdot 1{,}31 \cdot 3{,}24 = 14{,}133\,852 \approx 14{,}1$.
> $333 \cdot 131 \cdot 324 = 14\,133\,852$.
> Alle Faktoren haben jeweils zwei Stellen hinter dem Komma. Zusammen also sechs Stellen hinter dem Komma, die abgestrichen werden: $14{,}133\,852 \approx 14{,}1$.

1.2.2.4 Division von Dezimalzahlen

Eine Dezimalzahl wird durch eine ganze Zahl geteilt, indem die Zahlenfolge geteilt wird und beim Überschreiten des Kommas im Dividend ein Komma im Quotient gesetzt wird.

> **Beispiele:**
> $0{,}64 : 8 = 0{,}08$.
>
> | $0{,}64 : 8 = 0{,}08$ | 8 geht in 0 null mal → erste Stelle Ergebnis: 0. |
> |---|---|
> | -0 | 0 wird von 0 abgezogen, ergibt 0. |
> | $0\,6$ | Jetzt wird die nächste Stelle dazu genommen, dabei wird das Komma überschritten → auch im Ergebnis ein Komma setzen. |
> | $-\,0$ | 8 geht in 6 null mal → zweite Stelle Ergebnis: 0, 0 wird von 6 abgezogen, ergibt 6. |
> | 64 | Jetzt wird wieder die nächste Stelle dazu genommen, 8 geht in 64 acht mal → dritte Stelle Ergebnis: 8. |
> | $-\,64$ | 64 $(= 8 \cdot 8)$ wird von 64 abgezogen, Rest 0, d. h. Rechnung abgeschlossen. |
> | 0 | |

1 Mathematische Grundlagen

```
102,4 : 16 = 6,4.
```

102,4 : 16 = 6,4
−96
  6 4
−6 4
     0
	16 geht in 102 sechs Mal → erste Stelle Ergebnis: 6.
	96 (= 6 · 16) wird von 102 abgezogen, Rest 6.
	Jetzt wird die nächste Stelle dazu genommen, dabei wird das Komma überschritten → auch im Ergebnis ein Komma setzen.
	16 geht in 64 vier mal → zweite Stelle 4.
	64 (= 4 · 16) abziehen von 64, Rest 0, d. h. Rechnung abgeschlossen.

Eine Dezimalzahl wird durch eine Dezimalzahl geteilt, indem Dividend und Divisor so lange mit 10 multipliziert werden (d. h. das Komma in beiden Zahlen so lange um eine Stelle nach rechts geschoben wird), bis der Divisor eine ganze Zahl ist. Dann wird – wie im Beispiel bei der Division durch ganze Zahlen – geteilt und beim Überschreiten des Kommas im Dividend das Komma im Quotient gesetzt. Die Stelle des Kommas im Quotienten entspricht dann der Stelle des Kommas im Dividend.

Beispiele:
0,242 4 : 0,8 = ?
2,424 : 8 = 0,303 ≈ 0,3.

1,6 : 0,064 = ?
16 : 0,64 = ?
160 : 6,4 = ?
1 600 : 64 = 25.

0,019 55 : 4,25 = ?
0,195 5 : 42,5 = ?
1,955 : 425 = 0,004 60.

1.3 Rechnen mit physikalischen/technischen Größen (Einheiten)

Physikalische/technische Größen werden immer durch eine Maßzahl (Zahlenwert) und die zugehörige Maßeinheit (Einheit) beschrieben. So kann das Ergebnis der Rechnung 2,4 · 5 = 12 erst durch Hinzufügen der Maßeinheit eindeutig einer physikalischen/technischen Größe zugeordnet werden.

1.3 Rechnen mit physikalischen/technischen Größen (Einheiten)

Es gilt:

Maßzahl · Maßeinheit = Größenwert (Größe).

Das heißt, eine Größe ist das Produkt aus einer Maßzahl und einer Maßeinheit.

> **Beispiel:**
> Ein Auto fährt mit einer Geschwindigkeit von $20\,\frac{m}{s}$ auf einer Straße. Der Zahlenwert der Geschwindigkeit beträgt in diesem Beispiel 20 und die Einheit $\frac{m}{s}$.

An dieser Stelle soll erwähnt werden, dass es auch physikalische Größen gibt, die allein durch einen Zahlenwert beschrieben werden können. Beispiel hierfür ist der Strömungswiderstandkoeffizient c_w eines von Gas oder Flüssigkeit umströmten Körpers. Er gibt an, wie sich das Gas oder die Flüssigkeit beim Umströmen des Körpers verhält, was oftmals als Windschlüpfrigkeit bezeichnet wird (Wikipedia, 2021[1]).

Beim Rechnen mit physikalischen/technischen Größen müssen wir uns mit Maßeinheiten ein wenig genauer befassen. Hierzu wollen wir einmal die Frage stellen: »Wie lang ist eine Drehleiter DLAK 23/12?« Die Antwort kann man auf verschiedene Weisen formulieren. Eine mögliche Antwort wäre: »Die Drehleiter ist doppelt so lang wie ein Mannschaftstransportwagen (MTW).« Es wird also die Länge zweier Feuerwehrfahrzeuge miteinander verglichen. Man könnte in der Folge schreiben: Länge der DLAK 23/12 ist zweimal Länge MTW. Bei den hier verwendeten Einheiten taucht aber das Problem auf, dass DLAK 23/12 und auch MTW keine genau festgelegte Länge haben. Es gibt verschieden lange DLAK 23/12 und MTW. Ein solcher Vergleich funktioniert also nur, wenn man genau weiß, welche DLAK 23/12 bzw. MTW gemeint sind und miteinander verglichen werden sollen. D. h. man muss die zu betrachtenden Größen bzw. Maßeinheiten genau definieren.

Früher hatte man deshalb außen an Rathäusern Metallstangen o. ä. angebracht, die festlegten, wie lang die örtliche Längeneinheit, z. B. der »Einheitsfuß«, ist. Allerdings war dieses Maß in den einzelnen Städten und Regionen nicht gleich lang. Ein Fuß in Württemberg war z. B. 28,6 cm lang, in Bayern 29,2 cm und in Wien 31,6 cm (Wikipedia, 2021[2]).

1.3.1 Einheitensystem – Système International Unité (Si)

Um das Problem regional unterschiedlicher Einheiten zu lösen, hat man sich international auf ein gemeinsames Einheitensystem geeinigt, das Système International

Unité (SI), welches das am weitesten verbreitete Einheitensystem für physikalische Größen ist (Wikipedia, 2021[3]). Es ist z. B. in Großbritannien eingeführt, in den USA hingegen nur bedingt.

Durch das SI werden sieben Basiseinheiten zu physikalischen Basisgrößen (▶ Tabelle A1 im Anhang) festgelegt:
- Meter (*m*) für die Länge,
- Sekunde (*s*) für die Zeit,
- Kilogramm (*kg*) für die Masse,
- Kelvin (*K*) für die Temperatur,
- Ampere (*A*) für die elektrische Stromstärke,
- Candela (*Cd*) für die Lichtstärke und
- Mol (*mol*) für die Stoffmenge.

In Formeln werden zur Verbesserung der Übersichtlichkeit die jeweiligen Kurzzeichen eingesetzt. Alle anderen Einheiten werden daraus abgeleitet, z. B.
- Meter : Sekunde $\left(\frac{m}{s}\right)$ für Geschwindigkeit und
- Kilogramm · Meter : (Sekunde · Sekunde) $\left(\frac{kg \cdot m}{s^2}\right)$ für Kraft.

1.3.2 Formelzeichen

Um mathematische Formeln übersichtlicher zu gestalten, kürzt man die physikalischen/technischen Größen durch sogenannte Formelzeichen ab, z. B. *V* für Volumen. Diese werden auch als Größensymbole bezeichnet und bestehen aus einem Grundzeichen, das i. d. R. durch einen lateinischen oder griechischen Groß- oder Kleinbuchstaben dargestellt wird. Diesem können Nebenzeichen beigefügt werden, wie z. B. Indizes. Buchstaben, Ziffern oder Sonderzeichen. Formelzeichen aus mehreren Buchstaben sind nur bei dimensionslosen physikalischen Kenngrößen zugelassen, wie z. B. der Reynolds-Zahl Re, die in der Strömungslehre verwendet wird und nach dem englischen Physiker Osborne Reynolds (1842–1912) benannt wurde (Physik für alle, 2021). Auch die zugehörigen Einheiten werden durch Buchstaben abgekürzt.

Im Folgenden werden die Formelzeichen für die physikalischen/technischen Größen bei der ersten Verwendung in diesem Fachbuch hinter den Größen eingeführt und dann alleinstehend verwendet.

Allgemein gilt, wenn man nur die Maßeinheit einer physikalischen Größe angeben will, setzt man das Formelzeichen in eckige Klammern [ ].

1.3 Rechnen mit physikalischen/technischen Größen (Einheiten)

> **Beispiel:**
> Das Formelzeichen für die Geschwindigkeit ist das v, d.h. man kann die im vorherigen Beispiel genannte physikalische Größe v folgendermaßen in einer Gleichung schreiben:
> $v = 20\,\frac{m}{s}$ und $[v] = \frac{m}{s}$.
> Die Längeneinheit Meter wurde durch m und die Zeiteinheit Sekunde durch s abgekürzt.

Auch Maßeinheiten können als Potenzen geschrieben werden. Dies begegnet uns im täglichen Leben beispielsweise bei Angaben von Volumenwerten in m^3 ($= m \cdot m \cdot m$).

Eine weitere Methode, um Rechnungen übersichtlicher darzustellen, ist die wissenschaftliche Schreibweise von Zahlenwerten. Hier werden sehr große oder sehr kleine Zahlen durch Potenzen von 10 dargestellt.

> **Beispiel:**
> $325\,000\,000 = 3{,}25 \cdot 10^8$.

Um das wiederum abzukürzen, werden für die verschiedenen Potenzen von 10 entsprechende Vorsilben bei den Einheiten verwendet.

> **Beispiele:**
> $1\,000\,m = 1\,km$.
> $1\,000\,m = 1 \cdot 10^3\,m$.

Wenn man die rechten Seiten der beiden obigen Gleichungen vergleicht, folgt z. B., dass die Vorsilbe k (= Abkürzung für Kilo) für $1\,000 = 10^3$ steht. Weitere Vorsilben für Einheiten sind in ▶ Tabelle A3 im Anhang aufgeführt.

1.3.3 Addition und Subtraktion von physikalischen/technischen Größen

Bei der Addition und Subtraktion physikalischer/technischer Größen werden die Maßzahlen addiert bzw. subtrahiert. Die Maßeinheiten bleiben unverändert. Es dürfen nur gleiche Größen mit derselben Maßeinheit, also Längen mit Längen oder Massen mit Massen usw., addiert oder subtrahiert werden. Man kann keine Masse zu einer Länge addieren oder eine Kraft von einer Geschwindigkeit abziehen.

1 Mathematische Grundlagen

Beim Umwandeln bleibt der Größenwert, also das Produkt aus Zahlenwert und Maßeinheit, immer gleich. Wird in eine kleinere Maßeinheit umgewandelt, so muss der Zahlenwert um den entsprechenden Faktor vergrößert werden.

> **Beispiele:**
> $1{,}0\,cm = 10\,mm$.
> $1{,}0\,cm^2 = 10\,mm \cdot 10\,mm = 10 \cdot 10\,mm^2$.
> $1{,}0\,cm^3 = 10\,mm \cdot 10\,mm \cdot 10\,mm = 10 \cdot 10^2\,mm^3$.

Vorgehen bei der Addition/Subtraktion:
1. Vor der Addition/Subtraktion müssen die Größen in die gleiche Maßeinheit umgewandelt werden.
2. Durchführung der Addition/Subtraktion der Maßzahlen.
3. Ergebnis ist das Produkt aus Maßzahl und Maßeinheit.

> **Beispiele:**
> $12{,}0\,t + 550\,kg = ?$
> Es handelt sich bei beiden Größen um Massen, die aber unterschiedliche Maßeinheiten besitzen. Da die Masse in Tonnen t angegeben werden soll, gilt:
> $$12{,}0\,t + 550\,kg = 12{,}0\,t + 550\,kg \cdot \frac{1}{1\,000\,kg}\,t$$
> $$= 12{,}0\,t + \frac{550}{1\,000}\,t = 12{,}0\,t + 0{,}550\,t = 12{,}550\,t \approx 12{,}6\,t.$$
> $3{,}0\,m + 45{,}02\,m = (3{,}0 + 45{,}02)\,m = 48{,}02\,m \approx 48\,m$.
> Hier wurden zwei Längen/Strecken addiert. Im Gegensatz dazu kann man aber Länge nicht zu Flächen addieren: $3{,}0\,m + 45{,}02\,m^2 \neq 48\,(m + m^2)$.
>
> $14{,}1\,mm + 3{,}08\,cm + 0{,}2\,m + 12{,}8\,dm = ?$
> Es handelt sich bei allen Größen um Längenangaben, die aber alle unterschiedliche Maßeinheiten besitzen. Wir dürfen daher die Maßzahlen nicht einfach addieren. Will man das Ergebnis in m angeben, so müssen alle Maßeinheiten in m umgewandelt werden. Jede Verwandlung der Maßeinheit ist eine Dreisatzrechnung:
>
> $1\,000\,mm = 1\,m$, daraus folgt: $1\,mm = 0{,}001\,m$ und $14{,}1\,mm = 0{,}0141\,m$.
> $100\,cm\ \ = 1\,m$, daraus folgt: $1\,cm\ = 0{,}01\,m$ und $3{,}08\,cm\ = 0{,}0308\,m$.
> $10\,dm\ \ \ = 1\,m$, daraus folgt: $1\,dm\ = 0{,}1\,m$ und $12{,}8\,dm = 1{,}28\,m$.

1.3 Rechnen mit physikalischen/technischen Größen (Einheiten)

> Nun kann man alle Zahlenwerte miteinander addieren:
>
> $$\begin{array}{r} 0{,}0141\,m \\ 0{,}0308\,m \\ 0{,}2\,m \\ +1{,}28\,m \\ \hline 1{,}5249\,m \approx 1{,}5\,m \end{array}$$
>
> $5{,}21\,km + 300\,m + 2{,}09\,km = ?$
> $1\,000\,m = 1\,km$ daraus folgt: $1\,m = 0{,}001\,km$ und $300\,m = 0{,}300\,km$.
> Die Addition der einzelnen Zahlenwerte ergibt:
> $5{,}21\,km + 0{,}300\,km + 2{,}09\,km = 7{,}600\,km \approx 7{,}60\,km$.

1.3.4 Multiplikation/Division von physikalischen/technischen Größen

Bei der Multiplikation/Division werden die Maßzahlen und auch die Maßeinheiten miteinander multipliziert bzw. durcheinander dividiert. Ein Umwandeln in die gleiche Maßeinheit ist nur dann erforderlich, wenn gleiche Dimensionen, wie Längen mit Längen oder Längen mit Flächen, miteinander multipliziert und durcheinander dividiert werden sollen. Ziel derartiger Rechenoperationen ist, dass das Ergebnis keine bzw. sinnvolle Dimensionen aufweist.

Flächendimensionen werden aus Längeneinheiten berechnet. Besteht also zwischen zwei Längeneinheiten der Faktor 10, so besteht bei der zugehörigen Flächeneinheit der Faktor 100 bzw. bei der zugehörigen Volumeneinheit 1 000 (▶ Kapitel 1.9.1).

Wenn man ein Längenmaß mit einem Flächenmaß multipliziert, erhält man ein Volumen. Umgekehrt dividiert man ein Volumen durch eine Fläche oder durch eine Länge, so erhält man eine Länge oder ein Flächenmaß. Wichtig hierbei ist, dass man die gleichen Maßeinheiten verwendet.

> **Beispiele:**
> Berechnung einer rechteckigen Fläche: $5{,}0\,m \cdot 2{,}4\,m = 5{,}0 \cdot 2{,}4\,m \cdot m = 12\,m^2$.
>
> $m^2 \cdot m = m^3$ oder $dm^2 \cdot dm = dm^3$ usw.
>
> Wenn ein Stellplatz für ein Feuerwehrfahrzeug $5{,}00\,m$ lang und $350\,cm$ breit ist, kann man daraus die Stellfläche errechnen. Man kann aber nicht einfach die

1 Mathematische Grundlagen

> Zahlenwerte oder Maßeinheiten getrennt miteinander multiplizieren. Dies erkennt man schon daran, dass $m \cdot cm$ keine Maßeinheit für eine Fläche ist. Die hierfür übliche Maßeinheiten ist m^2, d. h. man muss cm in m umrechnen:
>
> $350\,cm = 3{,}50\,m$.
>
> $F_{stellfläche} = 5{,}00\,m \cdot 3{,}50\,m = 17{,}5\,m^2$.
>
> Es wäre auch möglich, die Dimension der Fläche in cm^2 anzugeben.
>
> $F_{stellfläche} = 500\,cm \cdot 350\,cm = 175\,000\,cm^2 = 175 \cdot 10^3\,cm^2$.

Da die uns umgebene Welt mit drei Dimensionen technisch beschrieben werden kann, machen Dimensionen in der vierten oder einer höheren Potenz, wie z. B. m^4 oder cm^6, in der Regel keinen Sinn. Abgesehen von den Längen- und Flächendimensionen kann man in der Technik beliebige Dimensionen miteinander multiplizieren oder durcheinander teilen, unabhängig von der gewählten Maßeinheit.

> **Beispiel:**
>
> Die aufgenommene elektrische Arbeit (W_{el}) wird berechnet, indem die Leistung eines Verbrauchers mit der Zeit des Betriebs multipliziert wird (▶ Kapitel 2.1.10). Wird eine elektrische Pumpe mit $80\,kW$ Leistungsaufnahme für 2,5 Stunden betrieben, erhält man je nach gewählten Maßeinheiten folgende Ergebnisse:
>
> $W_{el} = 80\,kW \cdot 2{,}5\,h = 80\,000\,W \cdot 2{,}5 \cdot 3600\,s = 720\,000\,000\,Ws \approx 0{,}72\,GWs$.
>
> $W_{el} = 0{,}080 \cdot 10^6\,W \cdot 2{,}5\,h \approx 0{,}20\,MWh$, wobei gilt: $M = 10^6$.
>
> $W_{el} = 80\,kW \cdot 2{,}5\,h \approx 20 \cdot 10^1\,kWh$.

Alle hier eingesetzten Einheiten sind sinnvoll und in unterschiedlichen technischen Anwendungsgebieten geläufig. Wenn man selbst entscheiden kann, sollte man immer die Einheiten wählen, die geläufig sind, so dass sich jeder eine Vorstellung vom Ergebnis machen kann. Genau wie beim Rechnen mit Zahlen kann auch beim Rechnen mit Maßeinheiten gekürzt werden.

> **Beispiel:**
>
> Eine Kugel mit einem Volumen $V = 0{,}35\,m^3$ und einer Dichte $\rho = 4{,}0\,\frac{kg}{cm^3}$ wird mit der Beschleunigung $a = 3{,}0\,\frac{m}{s^2}$ beschleunigt. Es soll die auf die Kugel einwirkende Kraft berechnet werden (▶ Kapitel 2.1.3).
>
> $F = V \cdot \rho \cdot a = 0{,}35\,m^3 \cdot 4{,}0\,\frac{kg}{cm^3} \cdot 3{,}0\,\frac{m}{s^2} = 0{,}35\,m^3 \cdot 4{,}0\,\frac{kg}{0{,}000\,001\,m^3} \cdot 3{,}0\,\frac{m}{s^2}$
>
> $= \frac{0{,}35 \cdot 4{,}0 \cdot 3{,}0}{0{,}000\,001} \cdot \frac{m^3 \cdot kg \cdot m}{m^3 \cdot s^2} = 4\,200\,000\,\frac{kg \cdot m}{s^2} \approx 4{,}2 \cdot 10^6\,N$.

1.4 Lösung von Gleichungen

Wenn man sich ein Rechenergebnis anschaut, kann man anhand der Dimensionsprobe der errechneten Maßeinheit relativ schnell feststellen, ob der Rechenweg richtig ist, oder ob man irgendwo einen Fehler gemacht hat. Umgekehrt kann man von der bekannten Maßeinheit wiederum auf den Rechenweg schließen. Ist z. B. nach einer Geschwindigkeit gefragt, so weiß man, dass das Ergebnis die Dimension $\frac{m}{s}$ oder $\frac{km}{h}$ besitzen muss. Also muss man eine Wegstrecke durch die Zeitdauer dividieren.

1.4 Lösung von Gleichungen

Naturgesetze oder technische Zusammenhänge werden in der Regel als mathematische Formeln dargestellt. Da diese Formeln ein Gleichheitszeichen (=) enthalten, handelt es sich hierbei um Gleichungen. Eine Gleichung ist eine Behauptung der Form: **»Links vom Gleichheitszeichen« = »Rechts vom Gleichheitszeichen«**, wobei Links und Rechts vom Gleichheitszeichen auch eine Kombination aus Operationen mit Zahlen und sogenannten Variablen x (lat. varius = mannigfaltig, verschieden) sein können. Dabei steht x für eine Zahl, die beim Einsetzen die Gleichung erfüllt, so dass eine wahre Aussage entsteht. Variablen oder auch Unbekannte werden oftmals x genannt, können aber auch mit anderen Buchstaben bezeichnet werden.

> **Beispiel:**
> $x + 12 = 15$.
> Für welches x ist diese Gleichung erfüllt?
> Diese Behauptung ist nur dann eine wahre Aussage, wenn x eine Zahl ist, deren Summe mit der Zahl 12 die Zahl 15 ergibt. Es gibt nur eine Zahl x, die diese Eigenschaft hat, nämlich die Zahl 3.
> Lösung: Die Gleichung gilt für $x = 3$.

Eine Gleichung kann manchmal mehrere Lösungen besitzen. Man spricht dann von einer Lösungsmenge, wobei wir an dieser Stelle nicht vertieft darauf eingehen.

Die Lösung mancher Gleichungen kann man leicht erkennen. Ist dies nicht der Fall, besteht die wichtigste Lösungstechnik darin, Gleichungen so zu verändern (= umzuformen), dass die Behauptung bestehen bleibt. Solche Veränderungen heißen Äquivalenzumformungen. Dieser Begriff kommt von äquivalent (lat. aequus = gleich; valere = wert sein).

1 Mathematische Grundlagen

Bei der Dichte ρ eines Stoffes handelt sich um die Masse pro Volumeneinheit und sie wird mit folgender Gleichung beschrieben:

$$\rho = \frac{m}{V}.$$

Die Dichte eines Stoffes kann in verschiedenen Einheiten $[\rho] = \frac{t}{m^3}$ oder $\frac{kg}{dm^3}$ oder $\frac{kg}{m^3}$ angegeben werden. Wichtig ist, dass im Zähler eine Einheit der Masse und im Nenner eine Einheit eines Volumens steht. Mit der obigen Darstellung der Gleichung kann man bei bekannter Masse und Volumen eines Stoffes die dazugehörige Dichte berechnen.

> **Beispiel:**
> Ein Tankzug hat $V = 30\,m^3$ Fassungsvermögen. Die Ladung wiegt $m = 23{,}4\,t$. Es soll die Dichte ρ der Flüssigkeit berechnet werden.
> $$\rho = \frac{m}{V} = \frac{23{,}4\,t}{30\,m^3} = 0{,}78\,\frac{t}{m^3}.$$
> Lösung: Die Flüssigkeit hat eine Dichte von $0{,}78\,\frac{t}{m^3}$.
> Anmerkung: Aufgrund der Dichte kann man schließen, dass es sich um Superbenzin handeln muss. In der Praxis ist dabei die Temperatur der Flüssigkeit zu beachten. So ist bei Flüssigkeiten und Gasen aufgrund ihrer großen Wärmeausdehnung bei der Angabe der Dichte stets eine Bezugstemperatur anzugeben. Bei festen Körpern kann der Einfluss der Temperatur vernachlässigt werden.

Wenn nun aber Volumen und Dichte eines Gegenstandes bekannt sind, kann daraus die Masse des Gegenstandes berechnet werden. Hierzu muss die Formel umgestellt werden.

Bevor wir dies machen, soll an dieser Stelle noch etwas mehr auf das Umstellen und Lösen von Gleichungen eingegangen werden. Eine Äquivalenzumformung besteht darin, die linke und die rechte Seite einer Gleichung auf gleiche Weise abzuändern bzw. so umzuformen, dass die Behauptung weiterhin gilt. Diese Änderung muss allerdings umkehrbar sein. D. h. es muss möglich sein, die ursprüngliche Gleichung durch eine weitere Umformung zurückzugewinnen. Dann enthalten die ursprüngliche und die veränderte Gleichung dieselbe Information, sie sind zueinander äquivalent und haben dieselbe Lösungsmenge (Wikipedia, 2021[4]).

In der Praxis werden Äquivalenzumformungen benutzt, um Gleichungen Schritt für Schritt zu vereinfachen, ohne die Lösungsmenge zu verändern. Um die Äquivalenzumformungen anschaulich zu erklären, kann man eine Gleichung mit einer Waage

1.4 Lösung von Gleichungen

im Gleichgewicht vergleichen. In ▶ Bild 2 sind links die Waage und rechts die dazu gehörigen Äquivalenzumformungen der Beispielgleichung

$3 \cdot x + 1 = x + 5$

gestellt.

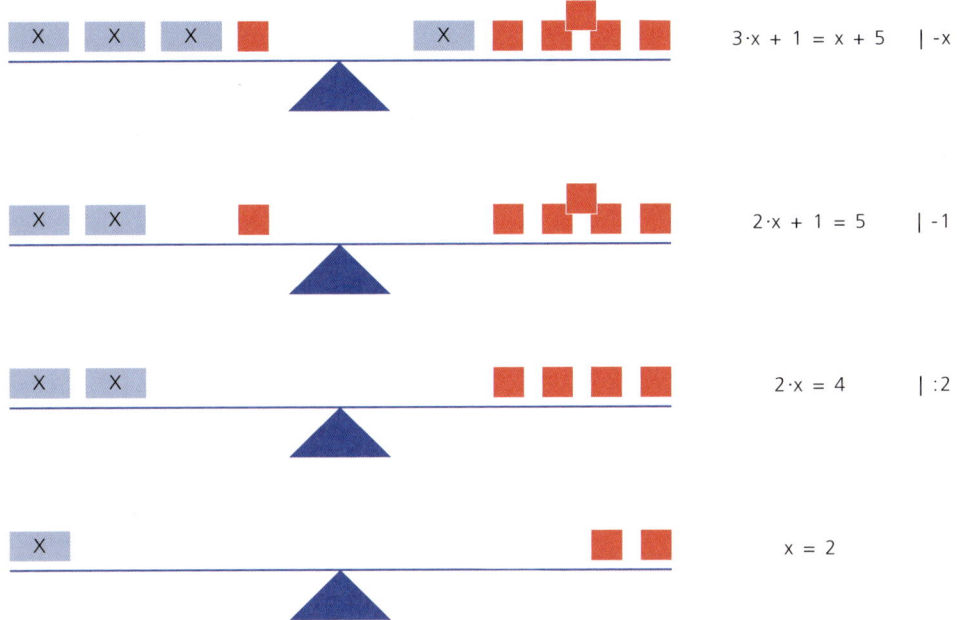

Bild 2: *Äquivalenzumformung einer Gleichung (vgl. kapiert.de, o. A.[1])*

All diese Umformungen können wieder rückgängig gemacht werden und verändern den Informationsgehalt einer Gleichung nicht. Zur Dokumentation des Lösungswegs ist es üblich, die Veränderungen, die an einer Gleichung im nächsten Schritt vorgenommen werden, rechts davon nach einem senkrechten Strich zu notieren.

In der nachfolgenden Tabelle sind nochmal die wichtigsten Äquivalenzumformungen zur Lösung von Gleichungen aufgeführt. Jede dieser Rechenoperationen kann durchgeführt werden, ohne dass die Gleichung ihren Wert ändert oder falsch wird. Man muss nur darauf achten, dass rechts und links des Gleichheitszeichens das Gleiche gemacht wird.

1 Mathematische Grundlagen

Tabelle 1: *Wichtigste Äquivalenzumformungen zur Lösung einer Gleichung*

Seiten vertauschen	$3 \cdot x - 14 = 10$	$10 = 3 \cdot x - 14$
Term-Umformungen auf einer Seite oder auf beiden Seiten	$3 \cdot (x - 7) = 14$ | linke Seite ausmultipliziert $3 \cdot x - 21 = 14$	
Addition bzw. Subtraktion der gleichen Zahl auf beiden Seiten	$x - 78 = 13$ \quad |$+78$ $x = 13 + 78$ $x = 91$	$6 - 3 = x + 13$ \quad |-13 $6 - 3 - 13 = x$ $-10 = x$
Multiplikation bzw. Division mit der gleichen Zahl (außer 0) auf beiden Seiten	$\frac{1}{3} \cdot x = 8$ \quad |$\cdot 3$ $x = 8 \cdot 3$ $x = 24$	$3 \cdot x = 12$ \quad |$:3$ $x = 12 : 3$ $x = 4$

Ausgehend von der schon bekannten Formel für die Dichte können wir diese nun so umwandeln, dass die Masse eines Körpers berechnet werden kann:

$\rho = \frac{m}{V}$ \quad $| \cdot V,$

$m = \rho \cdot V.$

> **Beispiel:**
> Eine abgestürzte Granitplatte soll mit einem Kran angehoben werden. Um zu wissen, wie schwer die Platte ist, muss zunächst das Volumen der Betonplatte berechnet werden. Die Dichte von Granit beträgt: $\rho = 2{,}8 \frac{kg}{dm^3}$. Die Platte ist $3{,}0\,m$ lang, $1{,}5\,m$ breit und $20\,cm$ dick.
> $V = 3{,}0\,m \cdot 1{,}5\,m \cdot 0{,}20\,m = 0{,}90\,m^3.$
> $m = \rho \cdot V = 2{,}8 \frac{kg}{dm^3} \cdot 0{,}90\,m^3 = 2{,}8 \frac{kg}{dm^3} \cdot 0{,}90 \cdot 1\,000\,dm^3$
> $= 2{,}8 \cdot 0{,}90 \cdot 1\,000 \frac{kg \cdot dm^3}{dm^3} = 2\,520\,kg \approx 2{,}5 \cdot 10^3\,kg.$
> Die Masse der Granitplatte beträgt $2{,}5 \cdot 10^3\,kg$.
> Die vom Kran aufzubringende Hubkraft zum Anheben der Platte (Überwindung der auf die Granitplatte wirkenden Gewichtskraft) beträgt dann (▶ Kapitel 2.1.5):
> $F_G = m \cdot g = 2\,520\,kg \cdot 9{,}81 \frac{m}{s^2} = 2\,520 \cdot 9{,}81 \frac{kg \cdot m}{s^2} = 24\,721{,}2\,N \approx 25\,kN.$
> Lösung: Zum Anheben muss eine Hubkraft von $25\,kN$ aufgebracht werden.

Bei der dritten Möglichkeit, die Formel für die Dichte anzuwenden, sind Masse und Dichte bekannt, und es soll das benötigte Volumen berechnet werden.

1.5 Dreisatz

> **Beispiel:**
> Ein Lkw transportiert $m = 15\,t$ Salpetersäure. Berechne das Volumen der transportierten Salpetersäure $\left(\rho = 1{,}51\,\frac{kg}{dm^3}\right)$.
>
> $\rho = \frac{m}{V} \quad | \cdot V,$
>
> $\rho \cdot V = m \quad | : \rho,$
>
> $V = \frac{m}{\rho} = \frac{15\,t}{1{,}51\,\frac{kg}{dm^3}} = \frac{15\,t}{1{,}51\,\frac{t}{m^3}} = 9{,}933\,m^3 \approx 9{,}9\,m^3.$
>
> Lösung: Das Volumen der transportierten Salpetersäure beträgt $9{,}9\,m^3$.

1.5 Dreisatz

Beim Dreisatz, auch Schlussrechnung genannt, handelt es sich um ein mathematisches Lösungsverfahren, um aus drei gegebenen Werten, die in einem proportionalen Verhältnis zueinander stehen, den unbekannten vierten Wert zu berechnen. Proportionale Größen sind verhältnisgleich, d. h. bei proportionalen Größen geht die eine aus der anderen hervor, indem man sie immer mit dem gleichen Faktor multipliziert (Wikipedia, 2021[5]). Man bezeichnet eine solche mathematische Zuordnung von Größen auch als Funktion.

So ist die zurückgelegte Wegstrecke eines Kfz, das sich mit konstanter Geschwindigkeit bewegt, eine zur Zeitdauer proportiale Größe. In der doppelten Zeit wird auch die doppelte Wegstrecke zurückgelegt, da zur Berechnung der Wegstrecke die Zeitdauer mit der Geschwindigkeit (= konstanter Faktor) multipliziert wird (▶ Kapitel 2.1.2.2).

Mit Hilfe des Dreisatzes schließt man entweder von einer Einheit einer Größe auf mehrere Einheiten oder auch Teile der Größe, die sogenannte Vielheit:

> **Beispiel:**
> Ein Strahlrohr liefert in $1\,min$ $100\,l$, dann liefern 8 Strahlrohre $800\,l$.

1 Mathematische Grundlagen

Oder man ermittelt aus einer Vielheit die sogenannte Einheit:

> **Beispiel:**
> 12 Feuerwehrleinen kosten 480 €, dann kostet 1 Feuerwehrleine 40 €.

Beim Verfahren des Dreisatzes werden Aufgaben durch das Aufstellen von drei Sätzen gelöst:

- **Behauptungs- oder Bedingungssatz**: Er wird aus der Aufgabenstellung so formuliert, dass die gesuchte Größe am Ende des Satzes steht.
- **Folgerungssatz**: Bei diesem Satz ist die Reihenfolge der Größen die gleiche.
- **Im Schlusssatz**: Hier schließt man von der Einheit dann auf die gesuchte Vielheit oder Einheit.

Dabei werden drei Fälle unterschieden:

Fall 1: Der Dreisatz im direkten Verhältnis (»je mehr – desto mehr«)

> **Beispiel:**
> 760 mm Quecksilbersäule (mmHG) entsprechen einem Druck 1 013,25 mbar. Welchem Druck entsprechen dann 778 mm Quecksilbersäule?
> - Behauptungssatz: 760 mmHG $\stackrel{\triangle}{=}$ 1 013,25 mbar.
> - Folgerungssatz: 1 mmHG $\stackrel{\triangle}{=} \frac{1\,013{,}25\,mbar}{760}$.
> - Schlusssatz: 778 mmHG $\stackrel{\triangle}{=} \frac{778 \cdot 1\,013{,}25\,mbar}{760} \approx$ 1 037,25 mbar.
>
> Lösung: 778 mm Quecksilbersäule entsprechen 1 037,25 mbar.

Man sieht an diesem Beispiel, dass die Dreisatzrechnung bei der Umwandlung von Maßeinheiten angewandt wird (▶ Kapitel 1.3).

1.5 Dreisatz

Fall 2: Der Dreisatz im umgekehrten Verhältnis (»je mehr – desto weniger oder je weniger – desto mehr«)

> **Beispiel:**
> 3 Feuerwehreinsatzkräfte benötigen 1,2 h, um den Schlauchwagen zu bestücken. Wie lange brauchen 4 Einsatzkräfte?
> - Behauptungssatz: 3 Feuerwehreinsatzkräfte benötigen 1,2 h.
> - Folgerungssatz: 1 Feuerwehreinsatzkraft benötigt $3 \cdot 1{,}2\,h = 3{,}6\,h$.
> - Schlusssatz: 4 Feuerwehreinsatzkräfte benötigen
> $$\frac{3 \cdot 1{,}2}{4}\,h = 0{,}90\,h = 0{,}90 \cdot 60\,min = 54\,min.$$
> Lösung: 4 Feuerwehreinsatzkräfte benötigen 54 min.

Fall 3: Der erweiterte Dreisatz zur Lösung von Aufgaben, in denen mehrere Größen voneinander abhängig sind.

> **Beispiel:**
> 2 Werfer erzeugen in einer Stunde $1\,344\,m^3$ Schwerschaum. Wie lange dauert es bis 5 Werfer $2\,000\,m^3$ Schwerschaum erzeugt haben?
> - Behauptungssatz: für $1\,344\,m^3$ benötigen 2 Werfer 1 h.
> - Folgerungssatz: für $1\,m^3$ benötigen 2 Werfer $\frac{1}{1\,344}\,h$.
> - Folgerungssatz: für $1\,m^3$ benötigt 1 Werfer die doppelte Zeit $\frac{2 \cdot 1}{1\,344}\,h$.
> - Schlusssatz: für $2\,000\,m^3$ benötigen 5 Werfer also $\frac{1}{5}$ der 2 000-fachen Zeit $\frac{2 \cdot 1 \cdot 2\,000}{5 \cdot 1\,344}\,h \approx 0{,}595\,2\,h \approx 35{,}71\,min.$
> Lösung: 5 Werfer benötigen ca. 35,71 min, um $2\,000\,m^3$ zu erzeugen.

Für die erweiterte Dreisatzrechnung gibt es ein vereinfachtes »Rezept«: Man beginnt mit einem Bruchstrich und im Zähler mit der Angabe des Zahlenwertes, nach dem gefragt wird. Von allen anderen Angaben sind jeweils zwei vorhanden. Wird das zu erwartende Ergebnis größer, kommt die größere der beiden Angaben ebenfalls als Faktor in den Zähler; wird das zu erwartende Ergebnis kleiner, kommt die kleinere Zahl als zweiter Faktor in den Zähler.

1 Mathematische Grundlagen

> **Beispiel:**
> 3 Maschinen waschen 240 Schläuche in 8,00 h. Wie viele Schläuche waschen 2 Maschinen in 14,00 h?
> - Es wird nach Schläuchen gefragt: 240 kommt in Zähler.
> - 2 Maschinen < 3 Maschinen, d.h. Ergebnis wird kleiner, da weniger Maschinen eingesetzt werden: 2 in Zähler und 3 in Nenner.
> - 14,00 h > 8,00 h: Ergebnis wird größer, da länger gewaschen wird: 14,00 in Zähler und 8,00 in Nenner.
> - Ansatz: $\frac{240 \cdot 14,00 \cdot 2}{8,00 \cdot 3} = 280$.
>
> Lösung: 2 Maschinen waschen 280 Schläuche in 14,00 Stunden.

1.6 Prozent- und Promillerechnung

Viele quantitative Angaben sind ohne die Nennung eines Bezugswert nicht sehr aussagekräftig. So kann der Wehrleiter die Aussage seines Leiters des Atemschutzes nach Feuerwehr-Dienstvorschrift 7 (FwDV 7), dass sechs Feuerwehreinsatzkräfte aufgrund fehlender Atemschutztauglichkeit nicht mehr mit schwerem Atemschutz eingesetzt werden dürfen, nicht wirklich richtig einordnen, wenn er nicht weiß, wie viele aktive Feuerwehreinsatzkräfte in seiner Feuerwehr als Atemschutzgeräteträger ausgebildet sind. Eine Feuerwehr mit 100 aktiven Feuerwehreinsatzkräften hat in Bezug auf die Atemschutztauglichkeit ihrer aktiven Einsatzkräfte in diesem Fall sicherlich keine Probleme. Die Wahrscheinlichkeit, dass ausreichend atemschutztaugliches Einsatzpersonal im Einsatzfall alarmiert werden kann, ist groß. Anders verhält es sich bei einer kleinen Feuerwehr mit insgesamt 20 Aktiven.

Erst der relative Wert, genauer gesagt der daraus gebildete Dezimalbruch zeigt in vielen Aussagen die wahre Dimension des Problems. Relative Werte werden meist in Prozent (lat. pro centum = von Hundert oder Hundertstel) angegeben. Man bezieht sich dann auf eine Anzahl von 100 und verwendet entweder % oder v. H. als Kurzschreibweise für Prozent. Ein Prozent (1 %) steht für die Dezimalzahl 0,01. Angaben in Prozent werden meist in Zusammenhang von Auswertungen und Statistiken verwendet. Um mit Prozenten rechnen zu können, muss man die wichtigsten Begriffe der Prozentrechnung kennen und verstehen.

Grundwert: Unter dem Grundwert G versteht man das sogenannte Ganze, auf das sich die Prozentangaben beziehen. In der Regel entspricht der Grundwert 100 Prozent.

1.6 Prozent- und Promillerechnung

Es gilt:

$G = 1 = 100$ *Teile*

oder anders geschrieben

$G = \dfrac{100}{100} = 100\,\%$.

Prozentwert: Unter dem Prozentwert W versteht man einen Anteil am Ganzen. Man spricht dabei auch von der Anzahl oder der absoluten Häufigkeit. Hat eine Gemeindefeuerwehr 113 Feuerwehrangehörige und davon sind 22 weiblich, dann ist 113 Feuerwehrangehörige der Grundwert und 22 der Prozentwert. Grund- und Prozentwert besitzen die gleiche Einheit.

Prozentsatz: Der Prozentsatz $p\,\%$ gibt einen Anteil an einem Grundwert an. Ein Preisnachlass von 30 % auf ein Vorführfahrzeug, das regulär 340 000 € kostet, bedeutet, dass dieses Produkt 102 000 € billiger wird. In diesem Fall wäre der Grundwert $G = 340\,000$ €, der Prozentwert $W = 102\,000$ € und der Prozentsatz $p\,\% = 30\,\%$.

Prozentzahl: Die Prozentzahl ist die reine Zahl, die vor dem Prozentzeichen steht.

> **Merke:**
> Je nachdem welche Größen bekannt sind, lässt sich die dritte Größe mit einem Dreisatz berechnen.

Fall 1: Prozentsatz und Ganzes sind gegeben – Berechnen des Prozentwertes

> **Beispiel:**
> Zum Schäumen eines Kellers wurden $2400\,m^3$ Luftschaum erzeugt. 30 % des Schaums brannten ab. Wie viele Kubikmeter gingen verloren?
> Vorgehen mit Dreisatz:
> - Behauptungssatz: $100\,\% \triangleq 2400\,m^3$.
> - Folgerungssatz: $1\,\% \triangleq \dfrac{2400}{100}\,m^3 = 24{,}00\,m^3$.
> - Schlusssatz: $30\,\% \triangleq 24{,}00\,m^3 \cdot 30 = 720{,}0\,m^3$.
>
> Lösung: Aufgrund der Abbrandrate des Schaums gingen $720{,}0\,m^3$ verloren.

1 Mathematische Grundlagen

Fall 2: Prozentwert und Ganzes sind gegeben – Berechnen des Prozentsatzes

> **Beispiel:**
> Die Berufsfeuerwehr hat eine Personalstärke von insgesamt 500 Feuerwehrangehörigen FM (SB). Von einer Wachmannschaft mit einer Stärke von 56 Feuerwehangehörigen FM (SB) sind 4 krank. Wie groß ist der Prozentsatz der Erkrankten bezogen auf die Wachabteilung bzw. die gesamte Personalstärke?
> Vorgehen nach dem Dreisatz, bezogen auf die Wachabteilung:
> - Behauptungssatz: $56\,FM\,(SB) \stackrel{\wedge}{=} 100\,\%$.
> - Folgerungssatz: $1\,FM\,(SB) \stackrel{\wedge}{=} \frac{100}{56}\,\% \approx 1{,}79\,\%$.
> - Schlusssatz: $4\,FM\,(SB) \stackrel{\wedge}{=} 1{,}79\,\% \cdot 4 = 7{,}16\,\% \approx 7{,}2\,\%$.
>
> Vorgehen nach dem Dreisatz, bezogen auf die gesamte Personalstärke:
> - Behauptungssatz: $500\,FM\,(SB) \stackrel{\wedge}{=} 100\,\%$.
> - Folgerungssatz: $1\,FM\,(SB) \stackrel{\wedge}{=} \frac{100}{500}\,\% = 0{,}20\,\%$.
> - Schlusssatz: $4\,FM\,(SB) \stackrel{\wedge}{=} 0{,}20\,\% \cdot 4 = 0{,}80\,\%$.
>
> Lösung: Bezogen auf die Wachabteilung entsprechen 4 Erkrankte 7,2 %, wohingegen bezogen auf die Gesamtpersonalstärke die gleiche Anzahl nur 0,80 % entspricht.
> Anmerkung: Dieses Beispiel zeigt deutlich, wie wichtig es ist, die Bezugsgröße zu kennen, um Zahlen richtig interpretieren zu können.

Fall 3: Prozentwert und Prozentsatz sind gegeben – Berechnen des Ganzen

> **Beispiel:**
> Aus einem Leck eines Heizöltanks sind 470 l ausgelaufen. Das entspricht 2 % des Tankinhaltes. Berechne den Gesamtinhalt.
> Vorgehen nach Dreisatz:
> - Behauptungssatz: $2\,\% \stackrel{\wedge}{=} 470\,l$.
> - Folgerungssatz: $1\,\% \stackrel{\wedge}{=} \frac{470}{2}\,l = 235\,l$.
> - Schlusssatz: $100\,\% \stackrel{\wedge}{=} 235\,l \cdot 100 = 235 \cdot 10^2\,l$.
>
> Lösung: Der Gesamtinhalt des Heizöltanks beträgt $235 \cdot 10^2\,l$.

In vielen Fällen sind die Fragestellungen komplexer und die Aufgabe muss genau analysiert werden, um sie zu lösen. Wenn man noch kleinere Bruchteile des Ganzen beschreiben will, dann geht man nicht mehr von hundert, sondern von tausend Teilen aus. Ein solches Tausendstel nennt man ein Promille (lat. pro mille = von Tausend oder Tausendstel). Die Kurzschreibweise für Promille lautet ‰ oder v. T. Die mathematische Vorgehensweise ist wie bei der Prozentrechnung. Ein Promille (‰) oder Tausendstel steht für den Dezimalbruch 0,001 bzw. 10^{-3}.

Die nächste Steigerung in Bezug auf die Darstellung von kleinen Bruchteilen bzw. Konzentrationen stellt die Angabe in parts per million (*ppm*) (engl. ppm = Anteile pro Million) dar. Man bezieht sich auf den millionsten Teil des Ganzen. Ein Millionstel bzw. *ppm* ist eine andere Darstellung für die Zahl 10^{-6} bzw. 0,000 001. Es handelt sich ebenso wie das Prozent oder das Promille um eine Hilfsmaßeinheit.

Bei Gasen werden meistens anstelle von Massenanteilen Volumenanteile betrachtet, da sich in der vereinfachten Betrachtung eines idealen Gases (▶ Kapitel 2.5) in einem bestimmten Gasvolumen unabhängig von der Größe (Masse) der Teilchen immer die gleiche Teilchenzahl befinden. Beispielsweise bedeuten 9 *ppm* Kohlenmonoxid in Luft 9 μl (= 10^{-6} *l*) CO pro Liter Luft (Wikipedia, 2021[6]).

1.7 Mittelwerte und Durchschnittswerte

Oftmals kommt es vor, dass man nicht nur einen einzelnen Wert einer physikalischen oder technischen Größe betrachten möchte, sondern mehrere schwankende Werte vorliegen hat, deren Durchschnittswert man bestimmen möchte. Der Durchschnittswert, auch arithmetischer Mittelwert (griech. arithmētikós = zum Zählen oder Rechnen gehörig) genannt, wird berechnet, um den Durchschnittsverbrauch eines Autos, durchschnittlich eingesetzte Rohre pro Brandalarmierung usw. zu ermitteln. Eine weitere Motivation zur Mittelwertbildung ist die Tatsache, dass eine einzelne Messung einer physikalischen Größe immer fehlerbehaftet ist. Daher werden oftmals mehrere Messungen durchführt. Um den Fehler zu minimieren, wird aus diesen Einzelmessungen der arithmetische Mittelwert berechnet (▶ Kapitel 1.11.1).

Zur Bildung des arithmetischen Mittelwertes addiert man alle Werte eines Datensatzes und teilt die Summe durch die Anzahl aller Werte. Um seinen Aussagewert richtig erkennen zu können, muss man aber oftmals dennoch die Einzelwerte betrachten.

> **Beispiel:**
>
> Zu den Übungsterminen einer Freiwilligen Feuerwehr kamen von Juni bis August im Schnitt 10 Einsatzkräfte. Also ausreichend, um eine Einsatzübung der Gruppe durchzuführen. Trotz dieses Wertes kann man aus dem arithmetischen Mittelwert der Teilnehmerzahl Z_{mittel} nicht schließen, dass eine Gruppenlage bei jedem Übungstermin beübt werden konnte. Dies zeigen die genauen Zahlen in der nachfolgend dargestellten Tabelle.

1 Mathematische Grundlagen

Tabelle 2: *Einzelwerte zur Ermittlung des Mittelwertes*

Datum	03.06	10.06	17.06	24.06	01.07	08.07	15.07	22.07	29.07	05.08	12.08	19.08	26.08
Teilnehmer-zahl Z	9	11	3	17	10	18	12	8	7	9	6	11	9

$$Z_{mittel} = \frac{9+11+3+17+10+18+12+8+7+9+6+11+9}{13} = 10.$$

Der arithmetische Mittelwert der Teilnehmerzahl an den Übungsterminen ist zwar 10, aber es gab auch einen Termin, wo nur 3 Teilnehmer kamen.

Der Vollständigkeit halber soll hier noch das geometrische Mittel erwähnt, aber nicht näher betrachtet werden. Es dient zur Messung des Durchschnitts einer prozentualen Veränderung. Aus diesem Grund sagt man zum geometrischen Mittel auch durchschnittliche Veränderungsrate.

1.8 Winkel

Kreuzen sich zwei gerade Linien (Geraden), so bilden sie einen Winkel. Der Punkt, an dem sich die beiden Geraden kreuzen, wird Winkelscheitel und die beiden Geraden werden Schenkel des Winkels genannt.

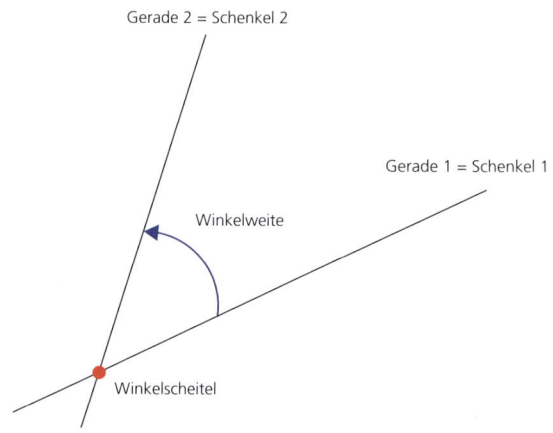

Bild 3: *Winkel aus zwei Geraden gebildet (vgl. Wikipedia, 2021[7])*

1.8 Winkel

Um Winkel zu bezeichnen, werden ihnen i. d. R. die kleinen Buchstaben des griechischen Alphabets (α, β, γ usw.) zugeordnet. In ▶ Tabelle A4 im Anhang ist das gesamte griechische Alphabet aufgeführt. Die Größe des Winkels ist die sogenannte Winkelweite. Die Maßeinheit des Winkels (Winkelmaß) ist der Grad oder Bogengrad (lat. gradus = Schritt). Obwohl er nicht Teil des SI ist, kann er in Zusammenhang mit dem SI angewandt werden. Wenn Winkel in Grad angegeben werden, so wird als Einheitszeichen ein hochgestellter Kreis ° verwendet, der direkt hinter den Wert angehängt wird.

Beim Winkelmaß 1° handelt sich um den $\frac{1}{360}$ Teil des Vollwinkels, der 360° beträgt. In diesem Fall liegen die beiden Geraden aufeinander (Wikipedia, 2021[7]).

Die Unterteilung ist analog zu unserem Zeitmesssystem ein sexagesimales Zahlensystem (lat. sexagesimus = der sechzigste) mit der Zahl 60 als Basis. Der Ursprung dieses Zahlensystem geht auf die alten Sumerer im dritten Jahrtausend v. Chr. zurück. In abgewandelter Form wird es noch zur Messung von Zeit, Winkeln und geografischen Koordinaten verwendet. Eine besondere Eigenschaft des sexagesimalen Zahlensystems besteht darin, dass die Basis 60 insgesamt 12 Faktoren, nämlich 1,2,3,4,5,6,10,12,15,20,30 und 60 besitzt. Hiervon sind die 2, 3 und 5 Primzahlen (Wikipedia, 2021[8]).

Durch die vielen Faktoren können viele Brüche mit Sexagesimalzahlen vereinfacht werden. Eine Stunde kann beispielsweise in gleiche Abschnitte von 30 Minuten, 20 Minuten, 15 Minuten, 12 Minuten, 10 Minuten, 6 Minuten, 5 Minuten, 4 Minuten, 3 Minuten, 2 Minuten und 1 Minute unterteilt werden.

Ein Winkelgrad ° kann in 60 Winkelminuten (Einheitszeichen: ′) zerlegt werden, eine Winkelminute noch einmal in Winkelsekunden (Einheitszeichen: ″) (Wikipedia, 2021[9]). Letztere findet man insbesondere bei geographischen (Angabe von Längengrad/Breitengrad) und astronomischen Berechnungen. Es gilt also:

$$1° = 60' = 60 \cdot 60'' = 3\,600''$$

und wie bei der geläufigen Angabe von Uhrzeiten:

$$1\,h = 60\,min = 60 \cdot 60\,s = 3\,600\,s.$$

Ein Winkel, der in Grad, Winkelminuten und Winkelsekunden angegeben wird, ist eine verkürzte Schreibweise einer Summe von 3 Winkeln. Wie in anderen Zahlensystemen auch sind die einzelnen Zahlenwerte vor den Teileinheiten (Minuten und Sekunden) kleiner als die Basis, hier also 60. So ist

$$112°14'4{,}2''$$

die verkürzte Schreibweise für

1 Mathematische Grundlagen

$112° + 14' + 4{,}2''$.

In der nachfolgenden Übersicht sind die einzelnen Winkelarten mit den zugehörigen Winkelweiten dargestellt.

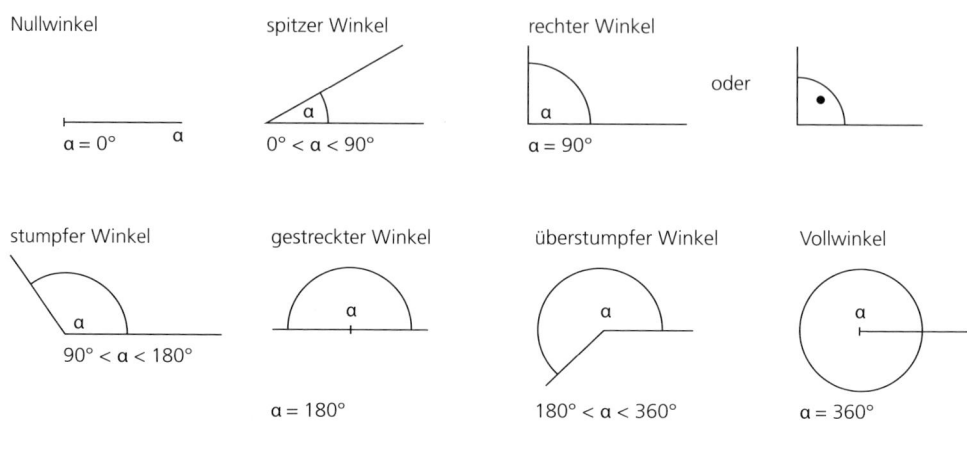

Bild 4: *Arten von Winkeln (vgl. Rudolph, 2022[2])*

- **Nullwinkel:** 0° (beide Geraden liegen übereinander).
- **Rechter Winkel:** 90° (beide Geraden stehen senkrecht aufeinander). Ein rechter Winkel kann zum einen durch die Angabe der Grade (90°) oder durch einen Punkt (·) innerhalb des Winkels gekennzeichnet werden.
- **Gestreckter Winkel:** 180° (beide Geraden sind entgegengesetzt).
- **Vollwinkel:** 360° (beide Geraden liegen wieder übereinander).

Die o. g. Winkel haben eine genau festgelegte Gradzahl, sie sind also exakt bestimmt. Die restlichen Winkelarten sind nicht klar definiert und haben eine Spannweite.

Definition der restlichen Winkel:
- **Spitzer Winkel:** zwischen 0° und 90°.
- **Stumpfer Winkel:** zwischen 90° und 180°.
- **Überstumpfer Winkel:** zwischen 180° und 360°.

Deren Spannweite liegt zwischen zwei der exakt bestimmten Winkel.

1.8 Winkel

1.8.1 Addition von Winkeln

Beim Addieren von Winkeln werden analog wie bei der Addition von Zeiten die einzelnen Einheiten: Grad, Minuten und Sekunden zunächst getrennt addiert, d. h. es erfolgt kein Übertrag.

> **Beispiel:**
> $44°25'26'' + 17°52'38'' = ?$
> $44°25'26'' + 17°52'38'' = 61°77'64''$.
> Weil aber der Zahlenwert von Minuten und Sekunden kleiner als 60 sein muss, werden Sekunden und Minuten nochmals umgewandelt. Es gilt ja $60'' = 1'$ und $60' = 1°$.
> $61°77'64'' = ?$
> $61°77'(60+4)''$ $| \; 64'' = 60'' + 4'' = 1' + 4''$,
> $= 61°78'04''$ $| \; 78' = 60' + 18' = 1° + 18'$,
> $= 62°18'04''$.
> Es folgt also:
> $44°25'26'' + 17°52'38'' = 62°18'04''$.

1.8.2 Subtraktion von Winkeln

Auch hier werden die einzelnen Einheiten °, ′, ″ getrennt voneinander subtrahiert. Sofern der Minuend einer Einheit kleiner ist als der Subtrahend, muss der Minuend umgewandelt werden. Im umgekehrten Fall ist das nicht notwendig.

1 Mathematische Grundlagen

> **Beispiele:**
> $44°15'25'' - 17°52'38'' = ?$
> Hier ist der Minuend in den Einheiten ′ und ″ kleiner als der Subtrahend, d. h. Umwandeln des Minuenden:
> $44°15'25'' = \quad |1° = 60'$,
> $43°75'25'' = \quad |1' = 60''$,
> $43°74'85''$.
> Anschließend wieder einfach jede Einheit für sich bearbeiten:
> $43°74'85'' - 17°52'38'' = 26°22'47''$.
>
> $\quad\;\; 67°42'$
> $-\; 54°18'$
> $\overline{\quad\;\; 13°24'}$
>
> $\quad\; 125°53' \qquad$ muss umgerechnet werden: $\qquad 124°113'$
> $-\;\; 42°57' \qquad\qquad\qquad\qquad\qquad\qquad\quad -\;\; 42°\;\; 57'$
> $\overline{\quad\quad\; ? } \qquad\qquad\qquad\qquad\qquad\qquad\qquad\;\; \small 1\quad\;\; 11$
> $\qquad\qquad\qquad\qquad\qquad\qquad\qquad\qquad\; \overline{082°056'} = 82°56'$

1.8.3 Multiplikation von Winkeln

Wenn man einen Winkel mit einer Zahl multipliziert, so werden auch wieder die Minuten und Sekunden mit der Zahl multipliziert.

> **Beispiel:**
> $41°19' \cdot 33 = ?$
> Es müssen zunächst die einzelnen Einheiten mit dem Faktor multipliziert werden:
>
> $\quad\; 41° \cdot 33 \qquad\qquad\quad 19' \cdot 33$
> $\overline{\quad 12 \quad 30°} \qquad\qquad\;\; \overline{\quad 5 \quad 70'}$
> $+\;\; 1 \quad 23° \qquad\qquad +\; \small 1\; \normalsize 57'$
> $\overline{\quad 13 \quad 53°} \qquad\qquad\;\; \overline{\quad 6 \quad 27'}$
>
> Nun werden die Grad und die Minuten addiert:
> $41°19' \cdot 33 = 1\,353° + 6'27' = 1\,353° + 10°27' = 1\,363°27' = (1\,080° + 283°)27'$
> $= 3 \cdot 360° + 283°27' = 283°27'$.
> Hierbei wurde noch berücksichtigt, dass 360° den Vollwinkel darstellen und deshalb Vielfache von 360° bei der Darstellung eines Winkels abgezogen werden können, um eine Zahl kleiner 360° zu erhalten.

1.8 Winkel

1.8.4 Division von Winkeln

Zunächst wird der Winkel wie ansonsten auch durch die Zahl dividiert. Wobei jeweils die Division der Einheiten getrennt durchgeführt wird. Reste werden in die nächstkleinere Einheit umgewandelt. Zum Schluss werden wieder alle Einheiten in Summe dargestellt.

> **Beispiel:**
>
> $55°12' : 3 = 18°$
> $-3°$
> $\overline{25°}$
> $-24°$
> $\overline{1°}$ (= Rest)
>
> Der Rest wird in Minuten umgewandelt: $1° = 60'$ und zu $12'$ addiert:
>
> $(60' + 12') = 72' : 3 = 24'$.
>
> Das Ergebnis ist wieder die Summendarstellung der beiden Einheiten:
>
> $55°12' : 3 = 18°24'$.

1.8.5 Umrechnen von Minuten und Sekunden in Dezimalwerte

Oftmals ist es technisch einfacher, mit Winkeln zu rechnen, wenn diese in Dezimalwerten angegeben werden. Dazu werden die Minuten und Sekunden in Grad umgewandelt.

1 Mathematische Grundlagen

> **Beispiel:**
> 52°14′7,08″ lassen sich wie folgt in Dezimalschreibweise umrechnen:
>
> Zunächst Sekunden in Minuten $\quad 7{,}08'' \cdot \frac{1'}{60''} = 0{,}118'$,
>
> ergibt $\quad 52°14{,}118'$,
>
> die Minuten in Grad $\quad 14{,}118' \cdot \frac{1°}{60'} = 0{,}2353°$,
>
> insgesamt also $\quad 52° + 0{,}2353° = 52{,}2353°$.

1.8.6 Umrechnung von Dezimalgrad in Grad-Minuten-Sekunden

Die umgekehrte Umrechnung von Dezimalgrad in Grad-Minuten-Sekunden erfolgt, indem der Dezimalteil zunächst mit 60 multipliziert wird. Die daraus resultierende Ganzzahl sind die Winkelminuten. Der verbleibende Dezimalteil wird wieder mit 60 multipliziert. Die daraus resultierende Zahl sind die Sekunden.

> **Beispiel:**
> 4,2345° lassen sich wie folgt in Grad-Minuten-Sekunden umrechnen:
> Dezimalteil zu Winkelminuten: $0{,}2345° \cdot \frac{60'}{1°} = 14{,}07'$,
> verbliebener Dezimalteil zu Winkelsekunden: $0{,}07' \cdot \frac{60''}{1'} = 4{,}2''$,
> insgesamt also: $4°14'4{,}2''$.

1.8.7 Winkelangaben im Bogenmaß

Eine andere Möglichkeit, um einen Winkel exakt zu beschreiben, ist das Bogenmaß. Grundlage hierfür ist die Länge des Umfangs des sogenannten Einheitskreises. Hierbei handelt es sich um einen Kreis mit einem Radius $r = 1$.

Für die Angabe eines Winkels im Bogenmaß ist der Umfang des Einheitskreises wichtig. Er berechnet sich (▶ Kapitel 1.9.7):

$$U_{einheitskreis} = \pi \cdot (2 \cdot r) = 2 \cdot \pi.$$

So kann man jedem Winkel α den zugehörigen Teil des Umfangs des Einheitskreises, das sogenannte Bogenmaß, zuordnen.

1.8 Winkel

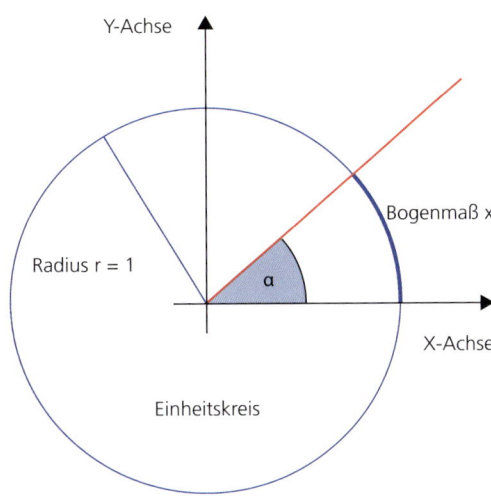

Bild 5: *Einheitskreis mit Radius r = 1 (vgl. mathe online, o. A.)*

Winkelgrößen im Bogenmaß besitzen keine Einheit. Daher benutzt man als Variable für Winkel im Bogenmaß wie bei anderen Zahlen auch oft den Buchstaben *x*. Während also Winkel in Gradmaß von 0° bis 360° angegeben werden, erfolgt dies im Bogenmaß von 0 bis $2 \cdot \pi$.

1.8.8 Umrechnung von Winkel in Bogenmaß

Die Zuordnung des Bogenmaßes *x* zu dem jeweiligen Winkel ergibt sich entsprechend nachfolgender Formel: α verhält sich zu 360° wie *x* zu $2 \cdot \pi$.
Die zugehörige Verhältnisgleichung lautet:

$$\frac{\alpha}{360°} = \frac{x}{2 \cdot \pi}.$$

Da die Winkelgröße im Bogenmaß *x* gesucht wird, muss die Verhältnisgleichung nach *x* aufgelöst werden (zur Lösung von Gleichungen ▶ Kapitel 1.4):

1 Mathematische Grundlagen

$$\frac{\alpha}{360°} = \frac{x}{2\cdot\pi} \qquad |\cdot 2\cdot\pi$$

$$\frac{\alpha}{360°} \cdot 2\cdot\pi = \frac{x}{2\cdot\pi} \cdot 2\cdot\pi$$

$$\frac{\alpha}{2\cdot 180°} \cdot 2\cdot\pi = \frac{x}{2\cdot\pi} \cdot 2\cdot\pi \qquad |\text{umformen und kürzen,}$$

$$\frac{\alpha}{180°} \cdot \pi = x \qquad |\text{Seiten vertauschen,}$$

$$x = \frac{\alpha}{180°} \cdot \pi \qquad |\text{umstellen,}$$

$$x = \frac{\pi}{180°} \cdot \alpha.$$

Beispiel:

Welchem Bogenmaß x entspricht der Winkel $\alpha = 45°$?

$$x = \frac{\pi}{180°} \cdot \alpha$$

$$= \frac{\pi}{180°} \cdot 45°$$

$$= \pi \cdot \frac{3\cdot 3\cdot 5\cdot 1°}{2\cdot 2\cdot 3\cdot 3\cdot 5\cdot 1°}$$

$$= \frac{\pi}{4}.$$

Lösung: Dem Winkel $\alpha = 45°$ entspricht das Bogenmaß $x = \frac{\pi}{4}$.

Ein Winkel muss nicht immer in Grad oder Bogenmaß angegeben werden. Den Winkel, der eine Steigung (Straße oder Schiene) mit der Ebene bildet, gibt man in Prozent oder in einem Verhältnis an. Die Steigungsangabe 12 : 100 oder 12 % besagt, dass auf einer Weglänge von 100 m eine Höhendifferenz von 12 m vorhanden ist. Die maximale Steigung einer Straße wird mit einer Steigung von 37,5 % angegeben. Sie befindet sich im Küstenort Harlech in Wales (Suggitt, 2019). Normale Pkw können in der Regel eine Steigung von 25 % meistern.

Bei kleinen Steigungen entspricht die Weglänge in guter Näherung der Basislänge des aufgrund der Steigung gebildeten Dreiecks. Wenn beispielsweise die Höhendifferenz (Steighöhe) 3 m beträgt, so ist die Weglänge nur ca. 4 cm länger als z. B. die Basislänge 100 m.

1.9 Berechnung von Flächen und deren Umfang

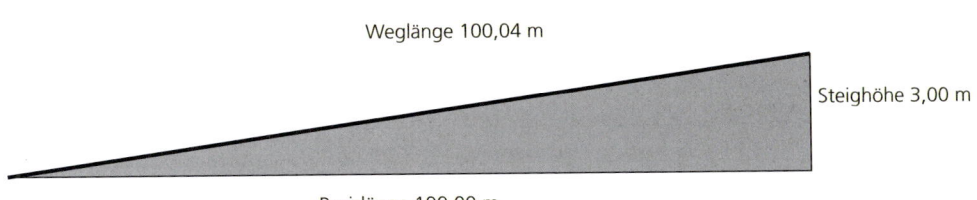

Bild 6: *Beispiel für eine Steigung von 3 % (vgl. Pedaltreter, 2016)*

1.9 Berechnung von Flächen und deren Umfang

In technischen Berechnungen besteht immer wieder die Notwendigkeit, die Größe von einfachen ebenen Flächen und ggf. deren Umfang zu ermitteln. Hierzu gibt es Formeln, die besagen, wie aus den einzelnen Längenabmessungen der Flächen das zugehörige Flächenmaß zu errechnen ist. Das Ergebnis muss immer zweidimensional sein, d. h. eine Längenangabe im Quadrat (also mit Exponent 2) enthalten, sofern nicht spezielle Flächenmaße wie *Ar* oder Hektar benutzt werden. Ein *Ar* ist eine Flächenmaßeinheit von 100 m^2. Als Einheitenzeichen dient ein *a*. Ein Hektar sind 100 *a* (Einheitenzeichen: *ha*). In vielen Ländern ist der oder das *Ar* die gesetzliche Einheit für die Angabe der Fläche von Grund- und Flurstücken. In der Regel werden in technischen/physikalischen Berechnungen Flächen in mm^2, cm^2, m^2 oder km^2 angegeben (Wikipedia, 2021[10]).

1.9.1 Flächenberechnung Rechteck und Quadrat

Die einfachsten Flächen sind rechtwinklige, gradlinig begrenzte Flächen, sogenannte Rechtecke oder Quadrate. Beim Rechteck sind die gegenüberliegenden Seiten gleich lang und parallel zueinander. Die beiden Diagonalen sind gleich lang und halbieren einander. Das Quadrat ist der Sonderfall eines Rechteckes, da alle vier Seiten gleich sind.

1 Mathematische Grundlagen

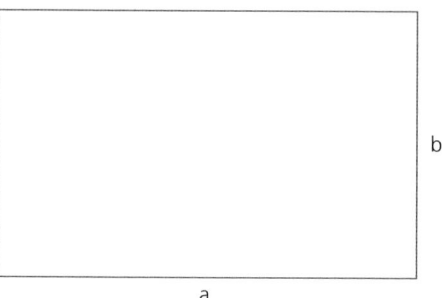

Bild 7:   **Rechteck**

Der Flächeninhalt eines Rechtecks bzw. die Fläche eines Rechtecks errechnet sich aus der Multiplikation Länge a mal Breite b. Das Formelzeichen für Flächen ist meistens ein A (lat. area = Platz, Fläche). Es gilt:

$A_{rechteck} = a \cdot b$.

Wenn $a = b$ folgt:

$A_{quadrat} = a \cdot a = a^2$.

> **Beispiel:**
> Die Länge eines rechteckigen Gebäudeinnenhofes beträgt in der einen Richtung 5,20 m, senkrecht dazu beträgt die Länge 3,51 m. Wie groß ist der Gebäudeinnenhof $A_{innenhof}$?
> $A_{innenhof} = 5,20\,m \cdot 3,51\,m = 5,20 \cdot 3,51\,m \cdot m = 18,252\,m^2 \approx 18,3\,m^2$.
> Lösung: Der Innenhof hat eine Fläche von 18,3 m^2.

1.9.2 Flächenberechnung Dreieck

Von den nicht rechtwinklig, aber gradlinig begrenzten Flächen ist die wichtigste die Dreiecksfläche. Dem Dreieck ist daher auch ein Teilgebiet der Mathematik, die sogenannte Trigonometrie, gewidmet. Die Grundaufgabe der Trigonometrie (griech. Trígonon = Dreieck u. Métron = Maß) besteht darin, aus drei Größen eines gegebenen Dreiecks (Seitenlängen, Winkelgrößen usw.) andere Größen dieses Dreiecks zu berechnen (Wikipedia, 2021[11]). Ein kurzer Ausblick auf die sogenannten

1.9 Berechnung von Flächen und deren Umfang

trigonometrischen Funktionen oder Winkelfunktionen erfolgt im Anschluss an dieses Kapitel.

Die nachfolgende Darstellung eines rechtwinkligen Dreiecks zeigt sehr schön, wie man mit der Erweiterung zu einem Rechteck den Flächeninhalt des Dreiecks berechnen kann. Ein rechtwinkliges Dreieck ist ein Dreieck, das einen rechten Winkel zwischen zwei Seiten enthält. Hierzu wird das Dreieck gespiegelt und dann die beiden langen Seiten (Hypotenusen) (griech. hypo = unten und griech. teinein = sich erstrecken ▶ Kapitel 1.9.3) aneinander gelegt.

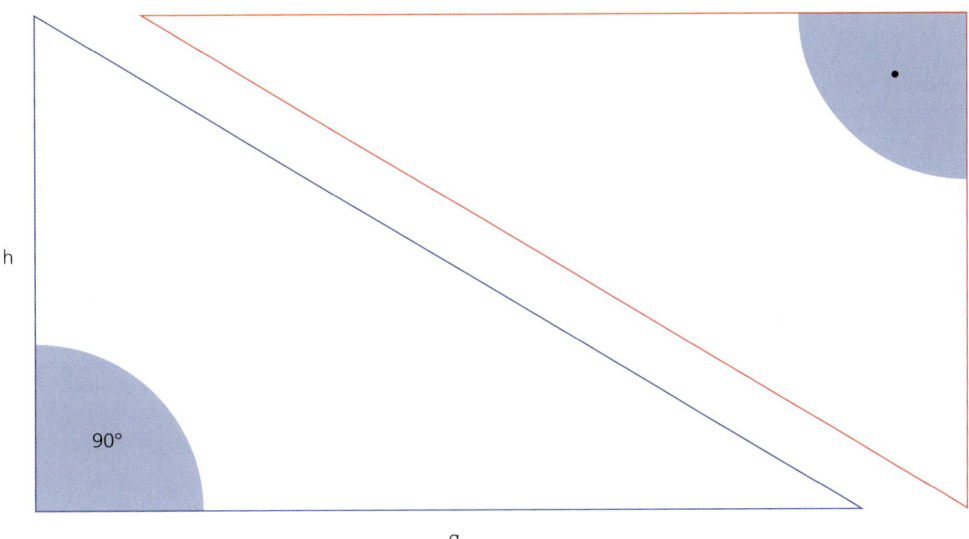

Bild 8: *Rechtwinkliges Dreieck zu Rechteck ergänzt (vgl. Wenning, 2021)*

In ▶ Bild 9 sieht man, dass die Fläche des Dreiecks genau die Hälfte der Fläche des Rechtecks ausmacht, denn die Diagonale halbiert das Rechteck. Die eine Seite des Rechtecks ist zugleich auch die Grundlinie des Dreiecks, die g genannt wird. Die andere Seite des Rechtecks heißt h und ist die Höhe des Dreiecks.

1   Mathematische Grundlagen

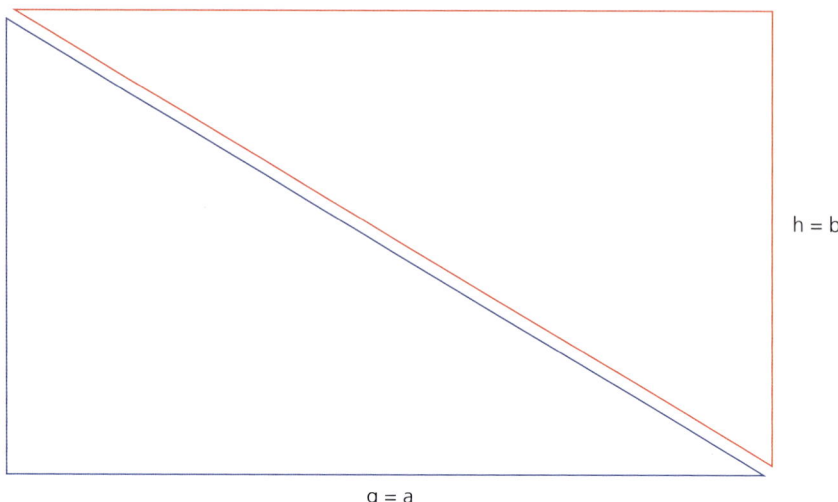

Bild 9:   *Fläche des Dreiecks ist die halbe Fläche des Rechtecks (vgl. Serlo, o. A.¹)*

$$A_{dreieck} = \frac{1}{2} \cdot A_{rechteck} = \frac{1}{2} \cdot a \cdot b = \frac{1}{2} \cdot g \cdot h.$$

Wenn man ▶ Bild 10 betrachtet, sieht man, dass dies auch für beliebige Dreiecke gilt, da man jedes Dreieck in zwei rechtwinklige Dreiecke aufteilen kann. Schneidet man die beiden rechteckigen Teilrechtecke aus und legt sie so an das ursprüngliche Dreieck an, dass ein Rechteck entsteht, erkennt man, dass die obige Formel für die Dreiecksfläche auch hier gilt.

1.9 Berechnung von Flächen und deren Umfang

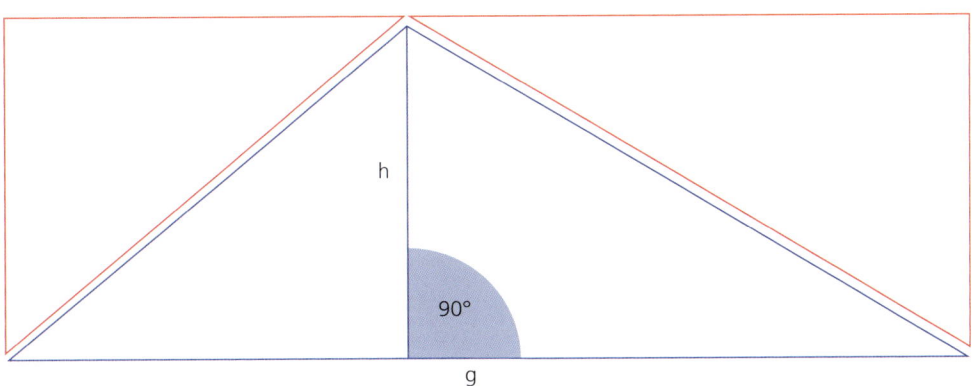

Bild 10: *Flächenberechnung eines beliebigen Dreiecks (nach Serlo, o. A.[1])*

1.9.3 Trigonometrie im rechtwinkligen Dreieck

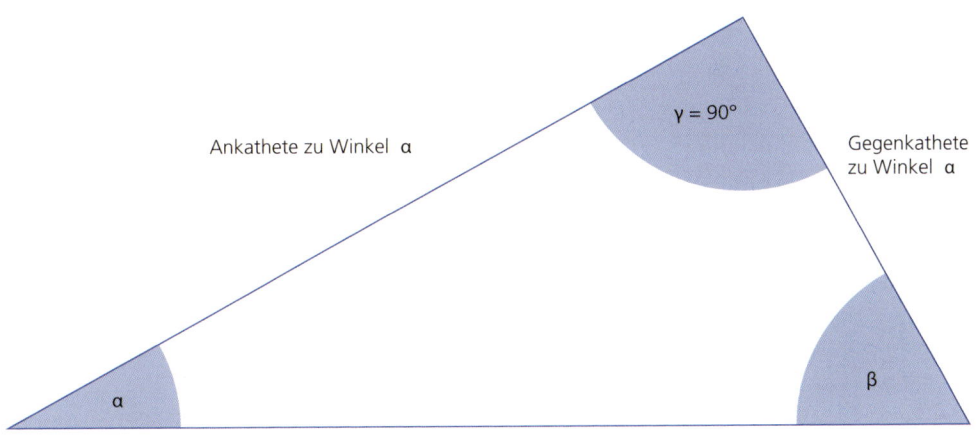

Bild 11: *Trigonometrie im rechtwinkligen Dreieck*

Üblicherweise wählt man die Bezeichnungen im rechtwinkligen Dreieck so, dass γ der rechte Winkel ist. Die längste Seite des Dreiecks, die Hypotenuse, liegt dem rechten Winkel gegenüber. Die beiden anderen Seiten *a* und *b* werden Katheten (lat. cathetus = senkrechte Linie, Lot) genannt. Die dem jeweiligen Winkel gegenüberliegende

Kathete bezeichnet man als Gegenkathete. Die anliegende Kathete wird Ankathete genannt. Eine Eigenschaft von Dreiecken besteht darin, dass die Summe der Innenwinkel immer zusammen 180° beträgt. Es gilt der sogenannte Innenwinkelsatz:

$$\alpha + \beta + \gamma = 180°.$$

Wenn man den Innenwinkelsatz berücksichtigt, folgt im rechtwinkeligen Dreieck (mit $\gamma = 90°$), dass gilt:

$$\alpha + \beta + 90° = 180° \quad | -90°,$$
$$\alpha + \beta = 90°,$$
$$\beta = 90° - \alpha.$$

Für die Längen der drei Seiten eines rechtwinkligen Dreiecks gilt der Satz des Pythagoras, benannt nach einem griechischen Philosophen und Mathematiker. Er war auch der Gründer einer religiös-philosophischen Bewegung im antiken Griechenland (Wikipedia, 2021[12]):

$$c^2 = a^2 + b^2.$$

Daraus folgt, dass man bei zwei bekannten Seiten eines rechtwinkligen Dreiecks die dritte über die Umkehrfunktion des quadratischen Exponenten, der sogenannten Wurzelfunktion, errechnen kann. Das Kurzzeichen für diese Funktion ist das sogenannte Wurzelzeichen $\sqrt{\ }$. Es gilt:

$$c = \sqrt{a^2 + b^2} \quad \text{bzw.}$$
$$a = \sqrt{c^2 - b^2} \quad \text{oder}$$
$$b = \sqrt{c^2 - a^2}.$$

An dieser Stelle soll kurz auf die Wurzelfunktion eingegangen werden. Mit ihr sucht man die Zahl, die mit sich selbst multipliziert, den Wert unter dem Wurzelzeichen ergibt. Beispielsweise ist die Wurzel von 9 gleich 3, d. h. $\sqrt{9} = 3$. Auf vielen Taschenrechnern findet man eine Taste mit dem Wurzelzeichen, um diese Funktion auszuführen

Trigonometrische Funktionen

In ▶ Kapitel 1.8.7 haben wir uns schon mit dem Einheitskreis befasst. Bei diesem kann man jedem Winkel einen zugehörigen Wert auf der x-Achse und der y-Achse zuordnen. Die Werte der y-Achse nennt man die Sinus-Funktion. Sie ordnet jedem Winkel den zugehörigen Wert der y-Achse zu. So gilt $y = 0$ für den Winkel $\alpha = 0$ und $y = 1$ für $\alpha = 90°$. Die zugehörigen Werte auf der x-Achse beschreiben die Cosinus-

1.9 Berechnung von Flächen und deren Umfang

Funktion. Sie geht vom Wert $x=1$ bei $\alpha=0°$ zu $x=0$ bei $\alpha=90°$. Die dritte Trigonometrie-Funktion, die Tangens-Funktion, ist der Quotient von Sinus- und Cosinus-Funktion.

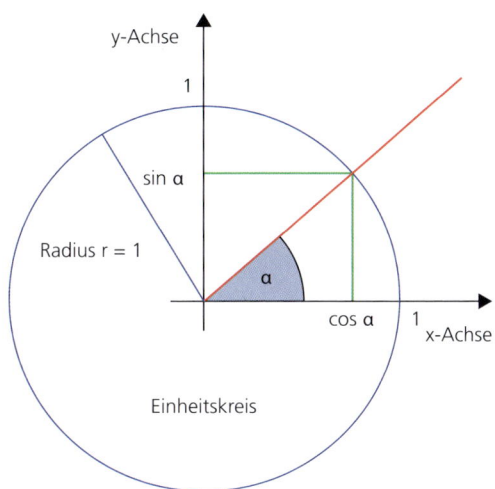

Bild 12: *Einheitskreis mit Sinus- und Cosinusfunktion (vgl. Serlo, o. A.[2])*

Mit den trigonometrischen Funktionen Sinus, Cosinus und Tangens kann man in einem rechtwinkligen Dreieck aus dem Verhältnis von Seiten die Winkel des Dreiecks berechnen. Als Kurzschreibweise für Sinus, Cosinus und Tangens führt man *sin*, *cos* und *tan* ein.

Diese bezeichnen folgende Seitenverhältnisse:

$$\sin \alpha = \frac{\text{Gegenkathete von } \alpha}{\text{Hypotenuse}},$$

$$\cos \alpha = \frac{\text{Ankathete von } \alpha}{\text{Hypotenuse}},$$

$$\tan \alpha = \frac{\text{Gegenkathete von } \alpha}{\text{Ankathete von } \alpha} = \frac{\sin \alpha}{\cos \alpha}.$$

Bisweilen definiert man zusätzlich zum Tangens auch einen so genannten Cotangens, der als Kehrwert des Tangens definiert ist:

$$\cot \alpha = \frac{\text{Ankathete von } \alpha}{\text{Gegenkathete von } \alpha} = \frac{\cos \alpha}{\sin \alpha}.$$

1 Mathematische Grundlagen

Die Sinus- und Cosinuswerte sind als Längenverhältnis einer Kathete (An- oder Gegenkathete) zur Hypotenuse stets kleiner als 1, da die Hypotenuse die längste Seite im rechtwinkligen Dreieck ist.

Die Werte des Tangens können für $0° \leq \alpha < 90°$ alle Werte zwischen 0 und $+\infty$ annehmen. Das Zeichen $+\infty$ steht für positiv unendlich. Dieser Begriff ist in der Mathematik als Prozess ohne Ende zu verstehen (Wikipedia, 2022[1]). D. h. man kann sich dem Wert $\alpha = 90°$ immer mehr nähern und wird als Ergebnis des Tangens wiederum eine neue größere Zahl erhalten. Für $\alpha = 90°$ ist der Tangens nicht definiert, da in diesem Fall durch $cos\ 90° = 0$ dividiert würde, was mathematisch nicht erlaubt ist.

Tabelle 3: *Werte von Sinus, Cosinus und Tangens für besondere Winkel*

α in °	0	30	45	60	90
sin α	0	$\frac{1}{2}$	$\frac{1}{2} \cdot \sqrt{2}$	$\frac{1}{2} \cdot \sqrt{3}$	1
cos α	1	$\frac{1}{2} \cdot \sqrt{3}$	$\frac{1}{2} \cdot \sqrt{2}$	$\frac{1}{2}$	0
tan α	0	$\frac{1}{3} \cdot \sqrt{3}$	1	$\sqrt{3}$	n. d.

Man kann nun über die Umkehrfunktion *arcsin*, *arccos*, *arctan*, den sogenannten Arcusfunktionen, die jeweiligen Winkel berechnen. Auf dem Taschenrechner findet man sie häufig in Kombination mit -1 als Exponent, z. B. $arcsin = sin^{-1}$.

Ohne hier genauer auf die trigonometrischen Funktionen einzugehen, sollen dennoch einige Eigenschaften dieser Funktionen erwähnt werden. So ist hier die Periodizität zu nennen, d. h. die Werte einer Funktion wiederholen sich nach einem konstanten Abstand immer wieder. Neben ihrer großen Bedeutung in der Geometrie sind die trigonometrischen Funktionen außerdem die grundlegenden Funktionen zur Beschreibung periodischer Vorgänge, wie z. B. Kreisbewegungen. Hierzu gehören u. a. akustische Wellen (Duden, 2021[2]).

Die Bestimmung der Höhe eines Baumes kann beispielsweise mit Hilfe eines sogenannten Försterdreiecks erfolgen. Hierbei handelt es sich in der Regel um ein gleichschenkliges Dreieck, mit dem die Spitze eines Turmes oder Baumes angepeilt wird. Beim gleichschenkligen Dreieck gilt: $\alpha = 45°$ und die beiden Katheten sind gleich lang ($e = b$). Die Höhe h des Baumes entspricht dann dem Abstand e vom Baum zzgl. der Augenhöhe a des Beobachters: $h = e + a$.

1.9 Berechnung von Flächen und deren Umfang

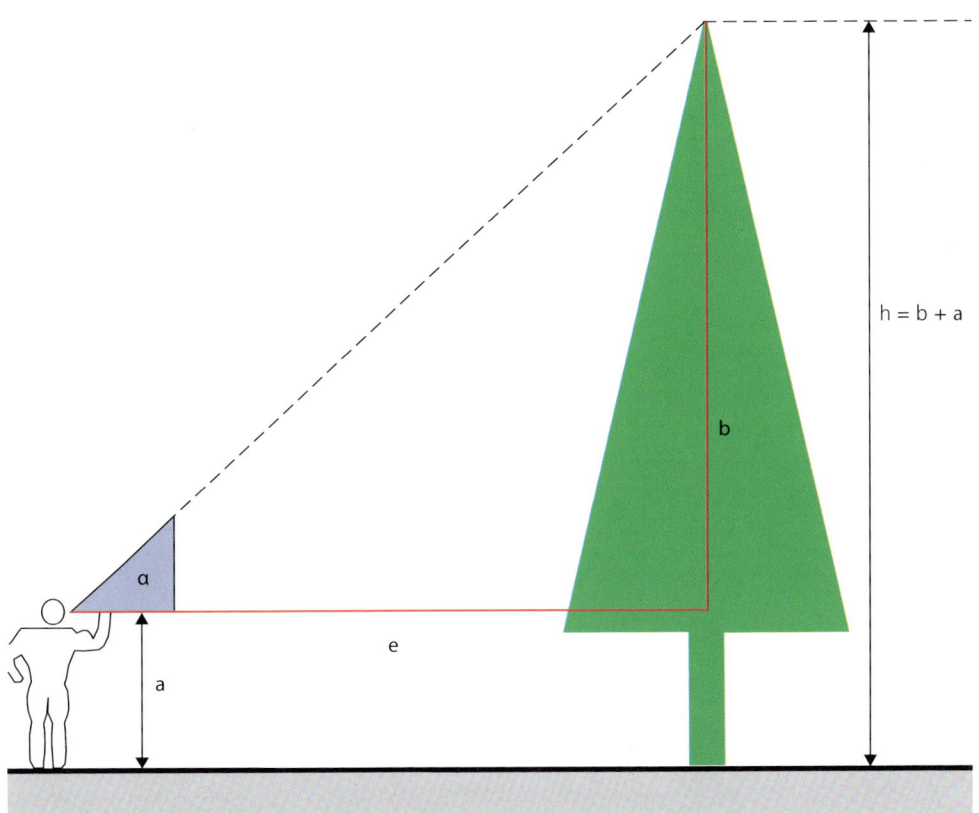

Bild 13: *Försterdreieck zur Ermittlung von Baumhöhe (vgl. Wikipedia, 2021[13])*

Auf dem gleichen Prinzip beruht auch die Stockpeilung (Wikipedia, 2021[13]). Verwendet man ein beliebiges rechtwinkliges (nicht gleichschenkliges) Dreieck, kann man aus jedem Abstand zu einem Baum und dem zugehörigen Winkel auf die Höhe des Baumes schließen:

$tan\ \alpha = \frac{b}{e}$ daraus folgt

$b = e \cdot tan\ \alpha$ und

$h = b + a = e \cdot tan\ \alpha + a$.

1.9.4 Flächenberechnung unregelmäßiger Vier- und Vielecke

Unregelmäßige Vier- oder Vielecke und regelmäßige Vielecke können in Dreiecke zerlegt werden, deren Flächen dann addiert werden.

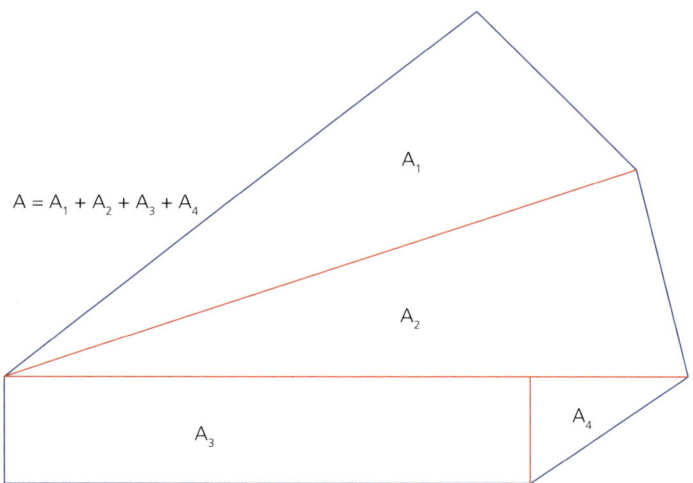

Bild 14: *Berechnung der Fläche eines unregelmäßigen Vielecks*

1.9.5 Flächenberechnung Parallelogramm

Ein Viereck, dessen gegenüberliegende Seiten gleich lang und parallel sind, nennt man Parallelogramm. Eine Sonderform des Parallelogramms ist die Raute (Rhombus). Hier sind alle Seiten gleich lang und die Diagonalen stehen senkrecht zueinander.

Der Flächeninhalt eines Parallelogramms ist eine Kombination von zwei Dreiecken und einem Rechteck. Wie in ▶ Bild 15 dargestellt, trennt man mit der Höhe h ein Dreieck ab, das man an die übrige Figur legt und ergänzt sie damit zu einem Rechteck, deshalb gilt für den Flächeninhalt eines Parallelogramms:

$A = g \cdot h$.

1.9 Berechnung von Flächen und deren Umfang

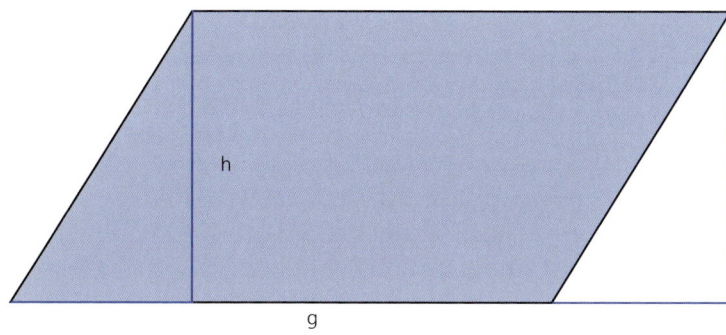

Bild 15: *Flächenberechnung eines Parallelogramms*

1.9.6 Flächenberechnung Trapez

Ein Viereck mit lediglich zwei parallelen Seiten ist ein Trapez. Die parallelen Seiten werden dabei i. d. R. als Grundseite, die nicht parallelen Seiten als Schenkel bezeichnet. Die angrenzenden Seiten werden mit den jeweiligen kleinen Buchstaben a, b, c und d bezeichnet. Die Fläche eines Trapezes kann man nach folgender Formel berechnen:

$$A_{trapez} = \frac{a+c}{2} \cdot h.$$

1 Mathematische Grundlagen

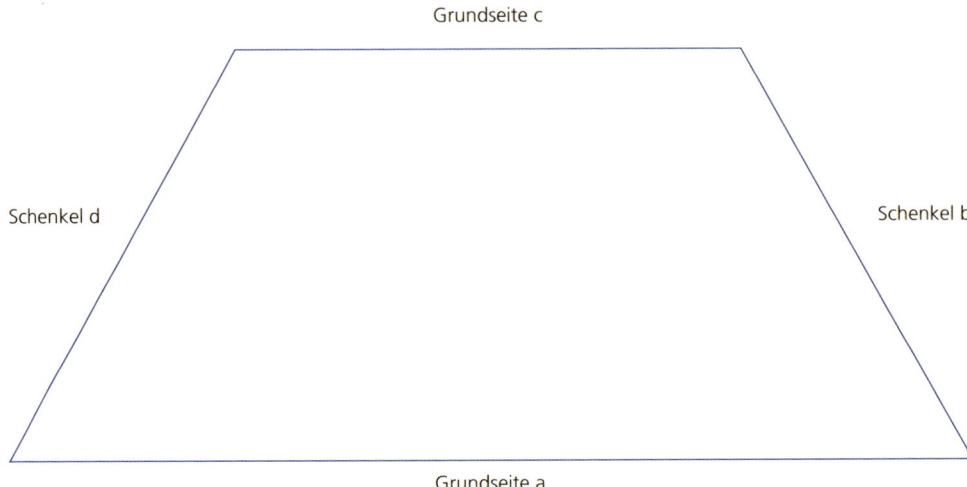

Bild 16: *Trapez*

Diese Formel lässt sich aus der Formel für das Parallelogramm ableiten, in dem man das Trapez verdoppelt und um 180° dreht. Schiebt man dann die beiden Trapeze zusammen, so erhält man ein Parallelogramm mit der doppelten Fläche. Für die Grundseite dieses neuen Parallelogramms gilt: $g = a + c$. Die Fläche des neu gebildeten Parallelogramms ist dann:

$$A_{parallelogramm} = 2 \cdot A_{trapez} = g \cdot h = (a + c) \cdot h.$$

Hieraus erhält man nun durch Umstellung der Formel die Fläche des Trapezes.

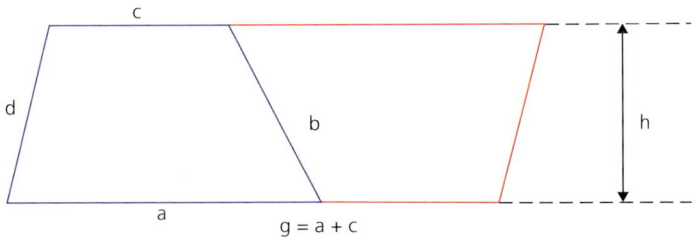

Bild 17: *Berechnen der Trapezfläche*

1.9 Berechnung von Flächen und deren Umfang

1.9.7 Berechnung von Fläche und Umfang eines Kreises

Von den nicht gradlinig begrenzten geometrischen Flächen ist die wichtigste der Kreis. Hierbei handelt es sich um eine in sich geschlossene Linie, deren einzelne Punkte alle den gleichen Abstand zum Mittelpunkt M besitzen. Der Abstand der Linie zum Mittelpunkt nennt man Radius r. Für den Durchmesser d eines Kreises gilt:

$d = 2 \cdot r$.

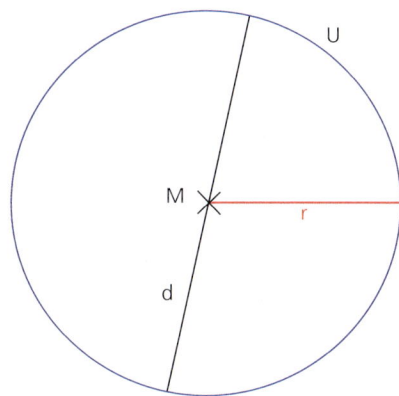

Bild 18: *Kreis (vgl. Wikipedia, 2023[3])*

Den Umfang U des Kreises berechnet man mit folgender Formel:

$U = 2 \cdot r \cdot \pi = d \cdot \pi$.

In dieser Formel taucht die Zahl π (= Pi) auf. Hierbei handelt es sich um das Verhältnis des Umfangs eines Kreises zu seinem Durchmesser. Da dieses Verhältnis unabhängig von der Größe des Kreises ist, handelt es sich also um eine mathematische Konstante, auch Kreiszahl oder Archimedes-Konstante genannt (Wikipedia, 2021[14]). Archimedes von Syrakus (287–212 v. Chr.) war ein wichtiger Mathematiker und Physiker der griechischen Antike (Wikipedia, 2021[15]). Die Bezeichnung erfolgt mit dem griechischen π als Anfangsbuchstaben des griechischen Wortes Peripheria (= Randbereich). Die Zahl π ist unendlich lang und nicht periodisch. Es gilt: $\pi = 3{,}141\,592\,6...$, wobei bei technischen Berechnungen vielfach lediglich auf drei signifikante Stellen (▶ Kapitel 1.11.2) gerundet wird, d. h. $\pi \approx 3{,}14$ (Wikipedia, 2021[14]).

1 Mathematische Grundlagen

Die Kreisfläche berechnet sich entsprechend nachfolgender Formel:

$$A_{kreisfläche} = r^2 \cdot \pi = \frac{d^2 \cdot \pi}{4}.$$

Beim Einheitskreis, den wir im Zusammenhang mit dem Bogenmaß kennengelernt haben, gilt dann (▶ Kapitel 1.8.7):

$$A_{einheitskreis} = \pi \cdot r^2 = \pi \cdot 1^2 = \pi.$$

Kreisringflächen ergeben sich aus der Differenz der ganzen Flächen:

$$A_{kreisring} = \frac{D^2 \cdot \pi}{4} - \frac{d^2 \cdot \pi}{4} = \frac{\pi}{4} \cdot \left(D^2 - d^2\right).$$

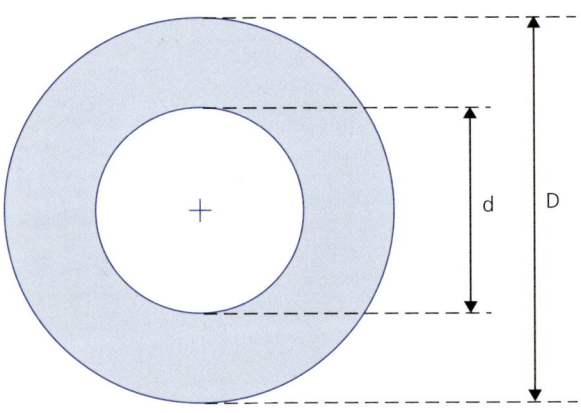

Bild 19: *Berechnung der Fläche eines Kreisringes*

Die Berechnung von Kreisausschnitten erfolgt nach folgender Formel:

$$A_{kreisausschnitt} = \frac{\alpha}{360°} \cdot r^2 \cdot \pi.$$

Wobei sich die Flächen des Kreisausschnittes zur gesamten Kreisfläche wie der Winkel α zum Vollwinkel ($= 360°$) verhält.

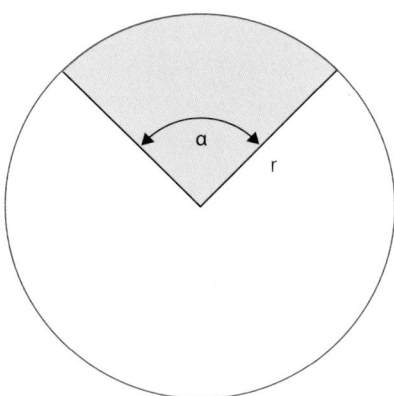

Bild 20:   *Berechnung der Fläche eines Kreisausschnittes*

1.10 Berechnen von Rauminhalten (Volumina) und Oberflächen geometrischer Körper

Unter dem Volumen V eines Körpers versteht man den Rauminhalt, der von den Außenflächen des Körpers umschlossen wird. Diese Außenflächen können eben, einfach oder mehrfach gekrümmt sein. Volumen werden in der Regel in mm^3, cm^3, dm^3 oder m^3 angegeben. Daraus kann man schließen, dass bei der Volumenberechnung das Produkt aus drei Längen oder einer Fläche multipliziert mit einer Länge berechnet wird. Daneben gibt es auch noch spezifische Raum- oder Hohlmaße, wie Liter oder Hektoliter. Bei den meisten Körpern gibt es einfache Formeln für das Berechnen des Rauminhaltes. Komplexere Körper können oftmals nur berechnet werden, indem man sie in einfach zu berechnende Teilkörper zerlegt und diese dann addiert.

1.10.1 Volumenberechnung Quader

Der Rauminhalt eines Quaders wird berechnet, indem man die Grundfläche mit der Höhe multipliziert:

$V_{quader} = l \cdot b \cdot h$.

1 Mathematische Grundlagen

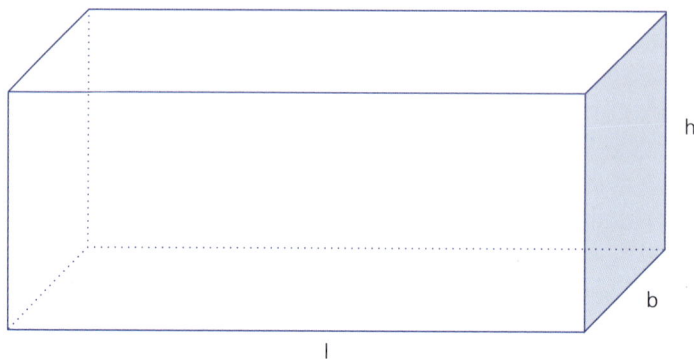

Bild 21: *Berechnen des Volumens eines Quaders*

1.10.2 Volumenberechnung Würfel

Der Würfel ist ein besonderer Quader, da hier alle Seiten gleich lang sind.

$V_{würfel} = a \cdot a \cdot a = a^3$.

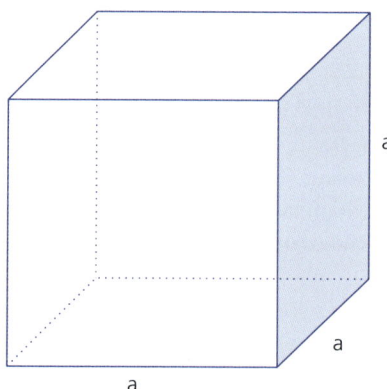

Bild 22: *Berechnung des Volumens eines Würfels*

1.10 Berechnen von Rauminhalten (Volumina) und Oberflächen

1.10.3 Volumenberechnung rechteckige Pyramide

Eine rechteckige Pyramide ist ein Körper mit einer rechteckigen Grundfläche und dreieckigen Seitenflächen.

$$V_{pyramide} = \frac{A \cdot h}{3}.$$

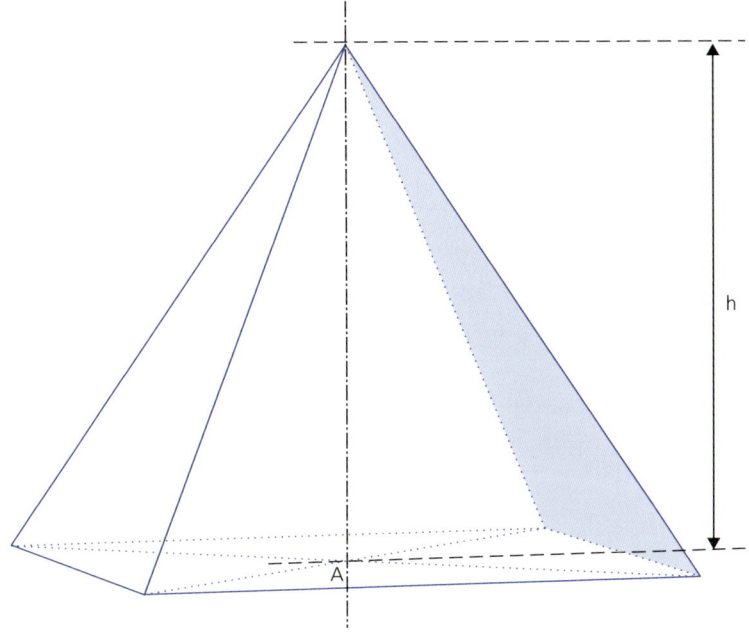

Bild 23: *Volumenberechnung rechteckige Pyramide*

Ein rechteckiger Pyramidenstumpf ist eine Pyramide, deren Spitze »abgeschnitten« wurde.

$$V_{pyramidenstumpf} \approx \frac{A_1 + A_2}{2} \cdot h.$$

1 Mathematische Grundlagen

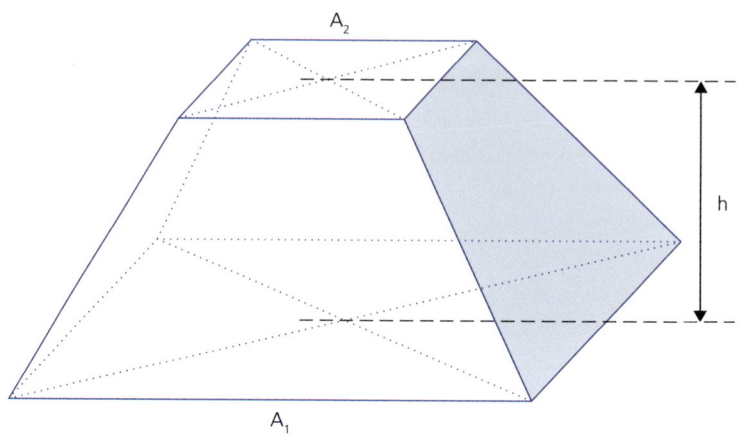

Bild 24: *Volumenberechnung rechteckiger Pyramidenstumpf*

Beispiel:

Berechne den Inhalt $V_{löschteich}$ eines quadratischen Löschteiches von $h = 3{,}20\,m$ Tiefe, der am Grund $6{,}20\,m$ Kantenlänge und an der Oberfläche $8{,}40\,m$ Kantenlänge hat. Es handelt sich um einen Pyramidenstumpf, dessen Volumen berechnet werden soll.

$$V_{löschteich} \approx \frac{A_1 + A_2}{2} \cdot h = \frac{8{,}40\,m \cdot 8{,}40\,m + 6{,}20\,m \cdot 6{,}20\,m}{2} \cdot 3{,}20\,m$$

$$= (70{,}56 + 38{,}44) \cdot 1{,}60\,m^3 = 109{,}00 \cdot 1{,}60\,m^3 \approx 174\,m^3.$$

Lösung: Das Volumen des Löschteiches beträgt $174\,m^3$.
Anm.: Hier wird innerhalb der Berechnungsformel zwei mal das $\approx$ eingesetzt, da die Formel selbst eine Näherung ist und das Ergebnis der Rechnung sinnvoll gerundet wurde.

1.10.4 Volumenberechnung Zylinder

Beim Zylinder handelt es sich um einen Körper, wie er auch im Feuerwehralltag immer wieder anzutreffen ist. So sind die Edelstahlauffangbehälter des Gerätewagen Gefahrgut 2 (GW-G 2) zylindrisch. Analog zum Quader berechnet sich das Volumen des Zylinders aus dem Produkt aus der kreisförmigen Grundfläche und der Höhe des Zylinders:

1.10 Berechnen von Rauminhalten (Volumina) und Oberflächen

$V_{zylinder} = A \cdot h = r^2 \cdot \pi \cdot h.$

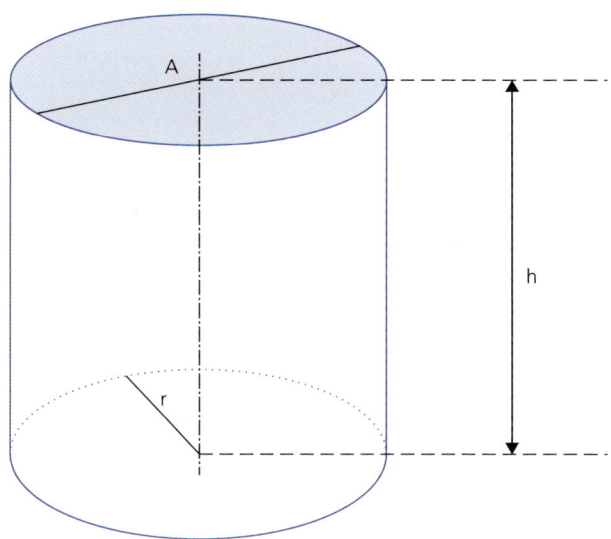

Bild 25: *Volumenberechnung Zylinder (vgl. Wikipedia, 2022[2])*

Die Mantelfläche oder Mantel (= Oberfläche ohne Grundfläche und Deckel) berechnet sich aus dem Produkt des Umfangs der Kreisfläche (Grundfläche) und der Höhe. Dies kann man leicht nachvollziehen, indem man den Mantel einfach aufschneidet und dann flach ausbreitet. Die Oberfläche ergibt sich dann aus dem Mantel und der Grundfläche folgendermaßen:

1 Mathematische Grundlagen

$O_{zylinder} = 2 \cdot A + d \cdot \pi \cdot h.$

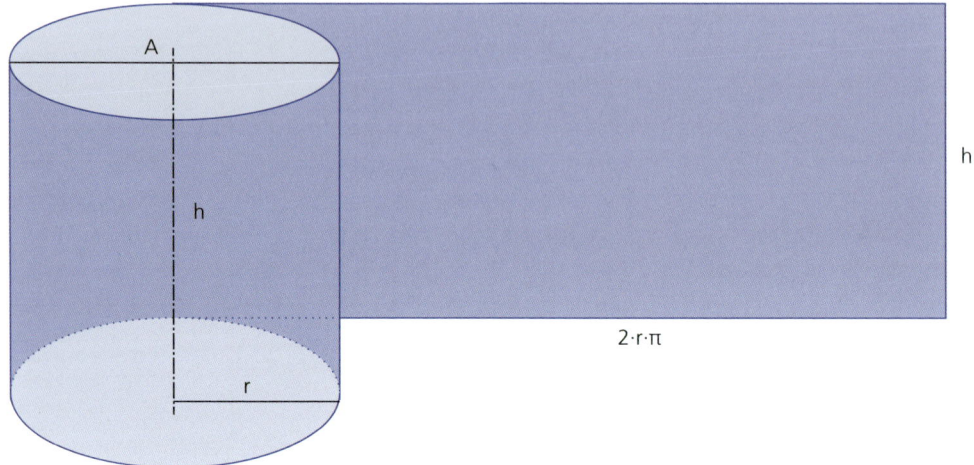

Bild 26: *Oberfläche eines Zylinders (vgl. Wikipedia, 2022²)*

> **Beispiel:**
> Der Dieseltank eines Lkw hat ein Leck und verliert kontinuierlich Diesel. Die Feuerwehr kann das Leck abdichten und will nun den fast vollen Dieseltank mit 300 *l* in einen Edelstahlbehälter mit den nachfolgenden Maßen $d = 80{,}0\,cm$, $h = 100\,cm$ umpumpen. 1 *l* entsprechen $1\,dm^3$. Reicht das Volumen des Auffangbehälters aus?
> Berechnung des Volumens in *l*:
> $V_{zylinder} = A \cdot h = r^2 \cdot \pi \cdot h = (4{,}00\,dm)^2 \cdot 3{,}14 \cdot 10{,}0\,dm = 502{,}4\,dm^3 \approx 502\,l.$
> Lösung: Das Volumen des Edelstahlbehälters von 502 *l* reicht aus, um die 300 *l* Diesel aufzunehmen.

1.10.5 Volumenberechnung (Kreis-)Kegel

Ein (Kreis-)Kegel oder Konus ist ein geometrischer Körper, der entsteht, wenn man alle Punkte einer Kreisscheibe mit einem Punkt außerhalb der Ebene verbindet. Dieser bildet dann die Spitze des Kreiskegels. Die Körperhöhe *h* ist der Abstand von der Grundfläche zur Spitze. Die Verbindungsstrecke *s* vom Kreisrand zur Spitze nennt man Mantellinie *s*.

1.10 Berechnen von Rauminhalten (Volumina) und Oberflächen

$$V_{kreiskegel} = \frac{A \cdot h}{3}.$$

Die Oberfläche des Kreiskegels errechnet sich:

$$O_{kreiskegel} = A + r \cdot \pi \cdot s.$$

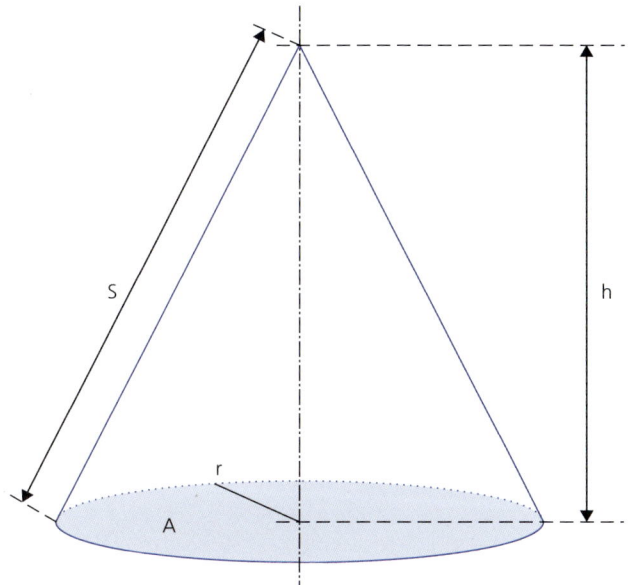

Bild 27: *Oberfläche des Kreiskegels*

Ein (Kreis-)Kegelstumpf ist ein Kegel ohne Spitze. Sein Volumen wird nach der Formel

$$V_{kreiskegelstumpf} = \frac{\pi \cdot h}{3} \cdot \left(r_1^2 + r_1 \cdot r_2 + r_2^2\right).$$

berechnet. Dabei ist r_1 der Radius der größeren Kreisfläche und r_2 der Radius der kleineren Kreisfläche, die den Kegelstumpf oben abschließt.

1 Mathematische Grundlagen

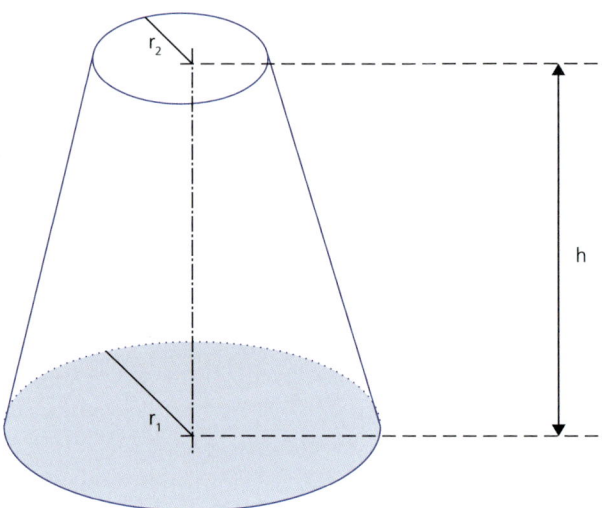

Bild 28: *Berechnung Kegelstumpf*

1.10.6 Volumenberechnung Kugel

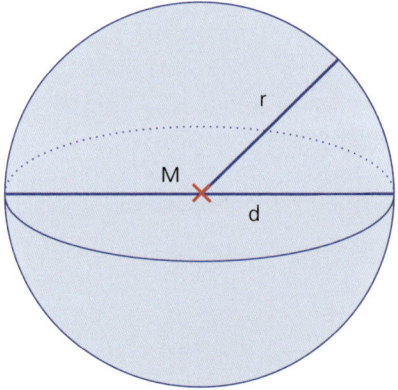

Bild 29: *Volumenberechnung Kugel (vgl. Kapiert.de, o. A.²)*

Eine Kugel im dreidimensionalen Raum entspricht dem Kreis im zweidimensionalen Raum. In der Abbildung ist eine Kugel mit Mittelpunkt M, Durchmesser d und Radius r abgebildet.

$$V_{kugel} = \frac{\pi \cdot d^3}{6} = \frac{\pi \cdot 8 \cdot r^3}{6} = \frac{4 \cdot \pi \cdot r^3}{3}.$$

Die Form der Kugel ist sehr weit verbreitet in Natur und Technik. Dies ist darin begründet, dass die Kugel von allen geometrischen Körpern die kompakteste Form besitzt, d. h. sie hat die kleinste Oberfläche bei gegebenem Volumen. Aus diesem Grund sind Seifenblasen kugelförmig, da so die eingeschlossene Luft von der geringst möglichen Oberfläche umschlossen wird (Wikipedia, 2021[16]).

$$O_{kugel} = 4 \cdot \pi \cdot r^2.$$

Die runde Form von Planeten entsteht durch die Masse (▶ Kapitel 2.1.4) der Himmelskörper, die ihre Gewichtskraft (▶ Kapitel 2.1.5) beeinflusst. Je größer die Masse ist, desto größer ist auch die Gewichtskraft, die weitere Masse anzieht. Durch diese Anziehungskraft werden die Ausbuchtungen nivelliert und die Himmelskörper nehmen immer mehr die Form von Kugeln an. Kleine Planetoiden sind dagegen unregelmäßig geformt, ihre Gewichtskraft ist zu schwach. Mit zunehmender Masse werden Unebenheiten wie Berge und Täler auf den Planeten kleiner. Höhere Berge als den Mount Everest (8 848 Meter) kann es auf der Erde nicht geben, das Gestein kann dem hohen Druck der Gewichtskraft nicht standhalten. Der höchste Berg unseres Sonnensystems, der Olympus Mons auf dem Mars, ist über 20 Kilometer hoch. Das liegt daran, dass der Mars eine geringere Masse hat als die Erde (Hamburger Abendblatt, 2011).

> **Beispiel:**
> Berechne das Volumen V_{kugel} eines kugelförmigen Luftballons von $d = 20\,cm$ Durchmesser in Litern. $1\,l = 1\,dm^3$.
> $$V_{kugel} = \frac{\pi \cdot d^3}{6} = \frac{\pi \cdot 2{,}0 \cdot 2{,}0 \cdot 2{,}0\,dm^3}{6} = \frac{\pi \cdot 4{,}0}{3}\,dm^3 = 3{,}14 \cdot 1{,}33\,dm^3 = 4{,}176\,2\,dm^3$$
> $\approx 4{,}2\,l.$
> Lösung: Das Volumen beträgt 4,2 l.

1.11 Runden und Abschätzen von Fehlern

Ergebnisse von technischen Berechnungen sind in der Regel nicht ganzzahlig, sondern stellen sich vielmehr in Form einer Dezimalzahl mit einer beliebigen Anzahl von Stellen hinter dem Komma dar. Man ist also gezwungen, den Rechenvorgang abzubrechen und das Ergebnis auf- oder abzurunden. Hierbei wird das Ergebnis der

Rechnung durch einen Näherungswert ersetzt. Nachfolgend sind beispielhaft einige Situationen beschrieben, in denen gerundet wird:

- Im Alltag sind Zahlen mit vielen Nachkommastellen schlecht handhabbar. Abhilfe schafft hier das Runden der Zahl. Gleiches gilt für den Wert irrationaler Zahlen, wie z. B. der Kreiszahl π, die meist gerundet mit einer überschaubaren Anzahl von Stellen angegeben werden. Die Besonderheit irrationaler Zahlen besteht darin, dass diese nicht als Quotient zweier ganzer Zahlen geschrieben werden können. Wendet man die Dezimalschreibweise ohne Rundung an, so wird eine irrationale Zahl mit einer unendlichen Anzahl von Dezimalstellen, die sich nicht periodisch wiederholen, dargestellt (Wikipedia, 2021[17]).
- Einheiten sollten sinnvoll und allgemein üblich sein. Um dies umzusetzen, wird ein vorhandener Zahlenwert oftmals gerundet. So werden z. B. Preise meistens entsprechend der kleinsten Bargeld-Münze, d. h. Cent (= zwei Nachkommastellen), und Pumpenleistungen in Liter angegeben.
- Das Ergebnis einer Rechnung soll auch der Genauigkeit eines Ergebnisses Rechnung tragen. D. h. es werden nur die Stellen angegeben, die auch eine Aussagekraft in Bezug auf das Ergebnis besitzen. Auf diesen Sachverhalt werden wir noch einmal genauer schauen, wenn es darum geht, Rechen- oder Messergebnisse zu runden.

Man spricht vom Aufrunden eines Ergebnisses, wenn die Zahl vergrößert wird. Abrunden bedeutet, dass das Ergebnis verringert wird. Bei negativen Ergebnissen kann in der gleichen Art gerundet werden. Die einfachste Form des Abrundens ist das Abschneiden. Hierbei fallen die Nachkommastellen bei der Darstellung des Ergebnisses einfach weg. Wenn kenntlich gemacht werden soll, dass die nachfolgende Zahl gerundet ist, geschieht dies meist durch das Zeichen ($\approx$), das anstelle des Gleichheitszeichen ($=$) angewandt wird.

Beim Runden soll der Fehler gegenüber dem Ergebnis möglichst klein sein. Deshalb leuchtet es ein, dass eine Dezimalzahl aufgerundet wird, wenn eine 9 folgen würde. Genauso leuchtet es ein, dass bei einer nachfolgenden 0 oder 1 abgerundet wird. Folgt der zu rundenden Zahl aber eine 5, ist schon nicht mehr klar, in welche Richtung gerundet werden soll.

In der Regel wird das folgende Rundungsverfahren, auch kaufmännisches Rundungsverfahren nach DIN 1333 angewandt. Man betrachtet die Ziffer der ersten wegfallenden Dezimalstelle (Wikipedia, 2021[18]).

- Bei 0, 1, 2, 3 oder 4 wird abgerundet.
- Bei 5, 6, 7, 8 oder 9 wird aufgerundet.

1.11 Runden und Abschätzen von Fehlern

Negative Zahlen werden nach ihrem Betrag gerundet, bei einer 5 also weg von 0. Den Betrag einer Zahl erhält man durch Weglassen des Vorzeichens. Er stellt also den Abstand einer Zahl von der Null dar. Ist der Betrag einer Zahl gemeint, kann man die Zahl zwischen gerade Striche setzen: $|x|$.

> **Beispiele:**
> $|-4| = 4$.
> $|163| = 163$.

Auf der Zahlengeraden bedeutet der Betrag den Abstand der gegebenen Zahl von Null. Nachfolgend einige Beispiele für das Runden.

> **Beispiele (jeweils Rundung auf zwei Nachkommastellen):**
> $13{,}3749 \approx 13{,}37$.
> $13{,}3750 \approx 13{,}38$.
> $-4{,}855 \approx -4{,}86$.

1.11.1 Ursachen von Messfehlern/-unsicherheiten

In Zusammenhang mit dem Mittelwert haben wir schon festgestellt, dass einzelne Messungen immer fehlerbehaftet sind. Je öfter man eine Messung wiederholt, desto genauer wird das Ergebnis. Ursachen für Messunsicherheiten können in der Messmethode, den eingesetzten Messgeräten, dem zu messenden Objekt selbst und externen Einflüssen, wie z. B. Temperatur oder Druck, liegen.

Bei Messunsicherheiten, die bei jeder Messung gleichartig, d. h. gleich groß und gleichgerichtet sind, handelt es sich um sogenannte systematische Unsicherheiten. Ihre Ursache kann z. B. in der Messmethode liegen. Da sie bekannt sind, kann man sie aus dem Messergebnis wieder herausrechnen (Carl-Engler-Schule Karlsruhe, o. A.).

Als Beispiel für eine Messunsicherheit soll hier der sogenannte Zollstock betrachtet werden. Er besitzt eine Skala von $0{,}1\,cm$. Hier liegt die Ablesegenauigkeit bei $0{,}05\,cm$. Es kommt also zu einer Interpolation beim Ablesen und der Fehler entspricht einer halben Intervallbreite (Carl von Ossietzky Universität Oldenburg, o. A.).

1.11.2 Runden bei Mess- oder Rechenergebnissen

Messwerte werden i. d. R. als Dezimalzahl angegeben. Wenn man bei einer Mess- oder Rechengröße den Unsicherheitsbereich angeben will, so werden nur die signifikanten Ziffern angegeben. Bei den signifikanten Stellen handelt es sich um die definitiv sicheren Stellen und als letzte Stelle die erste unsichere Ziffer.

Wenn man die signifikanten Ziffern eines Messergebnisses oder einer Rechengröße angeben will, gilt:

> **Merke:**
>
> Die Anzahl der signifikanten Stellen ist gleich der Anzahl der angegebenen Ziffern, wobei führende Nullen nicht mitgezählt werden.

Wird die Masse eines Körpers von 84,2 g mit 3 signifikanten Ziffern angegeben, so ist die erste Nachkommastelle schon unsicher. Hätte man eine genauere Waage zur Verfügung, könnte man ggf. als Masse den Wert 82,15 g (= 4 signifikante Ziffern) angeben.

> **Beispiele:**
>
> 17 345   5 signifikante Stellen, letzte unsicher.
> 1,734 5   5 signifikante Stellen, letzte unsicher.
> 0,001 734 5   5 signifikante Stellen, letzte unsicher.
> 1,734 5 · 10^4 5 signifikante Stellen, letzte unsicher.
> 0,127 3   4 signifikante Stellen, letzte unsicher.
>
> Nullen sind nur dann signifikant, wenn sie innerhalb einer Zahl oder am rechten Ende stehen.

Bei der Dezimaldarstellung von Zahlen mit signifikanten Ziffern gibt es also immer eine letzte Stelle, deren Ziffer noch sicher ist (dies kann auch eine Null sein). Die Stelle rechts davon ist dann unsicher, enthält aber immer noch eine gewisse Information. Daher muss diese Stelle beim Angeben des Wertes erhalten bleiben und kann gerundet werden.

Werden Messwerte oder Rechenergebnisse addiert oder subtrahiert, werden alle angegebenen signifikanten Stellen zur Berechnung herangezogen. Es müssen folgende Fälle unterschieden werden:

1.11 Runden und Abschätzen von Fehlern

- Die Anzahl der signifikanten Stellen hinter dem Komma ist bei beiden Zahlen gleich. Das Ergebnis kann unterschiedlich viele signifikante Stellen besitzen:

> **Beispiele:**
> 3,234 + 5,679 = 8,913 die Anzahl der signifikanten Stellen bleibt gleich.
> 8,689 − 8,623 = 0,066 die Anzahl der signifikanten Stellen wird kleiner.
> 5,878 + 5,623 = 11,501 die Anzahl der signifikanten Stellen wird größer.

- Die Anzahl der signifikanten Stellen hinter dem Komma ist bei den beiden Zahlen unterschiedlich:
Die Anzahl signifikanter Stellen nach dem Komma des Ergebnisses wird von der Anzahl der Nachkommastellen des Wertes mit der geringsten Zahl signifikanter Stellen hinter dem Komma bestimmt, d. h. die übrigen Stellen sind nicht mehr signifikant.

> **Beispiel:**
> 1,284 468 8 + 5,688 = 6,972 468 8 (Zwischenergebnis).
> Nun kann das Ergebnis auf die letzte signifikante Stelle gerundet werden:
> 1,284 468 8 + 5,688 ≈ 6,972.

Bei der Multiplikation oder Division werden alle angegebenen signifikanten Stellen zur Berechnung herangezogen. Das Rechenergebnis wird auf die Stellenzahl des Faktors mit den wenigsten signifikanten Stellen gerundet.

> **Beispiele:**
> $1{,}13 \cdot 10^{-3} \cdot 2{,}15 \approx 2{,}43 \cdot 10^{-3}$ 3 signifikante Stellen.
> $1{,}24 \cdot 10^{-3} \cdot 9{,}223 \approx 11{,}4 \cdot 10^{-3}$ 3 signifikante Stellen.
> $3{,}61 \cdot 10^{-8} \cdot 6{,}4 \cdot 10^{-1} \approx 23 \cdot 10^{-9}$ 2 signifikante Stellen.
> $55{,}7 : 3{,}461 \approx 16{,}1$ 3 signifikante Stellen.

Bei der Umwandlung von Maßeinheiten, muss ebenfalls darauf geachtet werden, dass die Anzahl der signifikanten Stellen erhalten bleibt.

1 Mathematische Grundlagen

> **Beispiele:**
>
> $200\,cm = 2{,}00\,m$. (Die Angabe $2\,m$ wäre falsch, da die Genauigkeit der Größe bei $1\,cm$ liegt.)
>
> $500\,cm = 0{,}005\,00\,km$ oder $5{,}00 \cdot 10^{-3}\,km$.
>
> $0{,}30\,cm = 0{,}003\,0\,m$ oder $30 \cdot 10^{-4}\,m$.

Wenn man Umrechnungsfaktoren, wie z. B. $1\,kg = 1\,000\,g$, angibt, so wird in der Regel angenommen, dass beide Zahlen unendlich genau bestimmt wurden. D. h. der Umrechnungsfaktor hat keinen Einfluss auf die signifikanten Stellen des Ergebnisses. Anders verhält es sich, wenn z. B. der Dichtewert $\rho = 0{,}982\,\frac{kg}{m^3}$ eines Stoffes/Körpers bei einem Temperaturwert angegeben wird. Hier ist gemeint, dass der Dichtewert mit der Genauigkeit von z. B. 3 Stellen angegeben wurde.

Die nachvollziehbaren Gründe zum Runden einer Zahl wurden schon erläutert. Nun wollen wir uns mit dem Fehler, der aufgrund der Rundung einer Zahl entsteht, befassen, dem sogenannten Rundungsfehler, oder auch Rundungsdifferenz. Hierbei handelt es sich um die Abweichung der gerundeten Zahl von der ursprünglichen, die durch das Runden entsteht. Da das Runden ja bewusst gemacht wird, handelt es sich hier nicht um einen Fehler im eigentlichen Sinn. Sie darf auch nicht mit einem Fehler beim Runden verwechselt werden (Wikipedia, 2021[19]).

Wie groß ist der Rundungsfehler, wenn wir den Wert 3,21 auf 3,2 abrunden? Hierbei machen wir einen absoluten Fehler von 0,01 oder $\frac{1}{100}$. Bei einem Zahlenwert von 1 entspräche dies einem relativen Fehler von 1 %. Nachdem der Zahlenwert aber nicht 1, sondern 3,2 beträgt, ist der relative Fehler $0{,}01 : 3{,}2 \approx 0{,}003 = 3\,‰$. D. h. beim Abrunden von 3,21 auf 3,2 haben wir einen Fehler von 3 ‰ gemacht. Ein Fehler dieser Größenordnung ist bei technischen Rechnungen fast immer vertretbar. Vor der Einführung der heutigen üblichen Taschenrechner wurden fast alle technischen Rechnungen mit dem Rechenschieber ausgeführt. Diese Art des Rechnens war wegen der möglichen Einstell- und Ablesefehler von vornherein mit einem Fehler von etwa 1 % behaftet. Wenn man annimmt, dass das Ergebnis obiger Teilung einen Geldbetrag darstellt, dann wird so gerundet, dass ganze Cent dastehen, also $3{,}21\,€$. Wir haben also z. B. den Wert $3{,}209\,€$ auf $3{,}21\,€$ gerundet. Der absolute Fehler beträgt dann $0{,}001\,€$ oder $0{,}1\,Cent$. Der relative Fehler beträgt $0{,}1 : 321 \approx 0{,}000\,3 = 0{,}3\,‰$.

1.11 Runden und Abschätzen von Fehlern

1.11.3 Überschlagsrechnung

Beim Lösen technischer Rechenaufgaben ist es sehr hilfreich, wenn man sich eine Vorstellung von der Größenordnung des Ergebnisses durch Schätzung oder eine Überschlagsrechnung verschafft. Dies ist bei den in diesem Buch behandelten Berechnungen fast immer möglich und gerade im Feuerwehreinsatz von besonderer Bedeutung, um die richtigen Gefahrenabwehrmaßnahmen zu ergreifen bzw. deren Wirksamkeit abschätzen zu können.

Im Folgenden wollen wir an einigen einfachen Beispielen zeigen, wie Überschlagrechnungen durchgeführt werden können und wie nah wir mit der überschlägigen Berechnung am exakten Ergebnis liegen. Mit Hilfe der Überschlagsrechnung kann man Rechenfehler und Größenordnungsfehler relativ einfach erkennen.

> **Beispiele:**
>
> $26 + 123 + 344 + 19 = ?$
>
> Um das Ergebnis abzuschätzen, runden wir die einzelnen Zahlen und rechnen sie zusammen: $30 + 120 + 340 + 20 = 510$.
>
> Vergleichen wir das mit dem genauen Ergebnis $26 + 123 + 344 + 19 = 512$, sehen wir, dass wir gar nicht so weit weg davon sind. Die relative Abweichung beträgt $\frac{2}{512} = 0{,}0039 \approx 0{,}4\,\%$.
>
> $78 - 24 - 55 + 99 = ?$
>
> Auch hier runden wir die einzelnen Zahlen und rechnen sie zusammen:
>
> $80 - 20 - 60 + 100 = 100$.
>
> Im Vergleich dazu das exakte Ergebnis: $78 - 24 - 55 + 99 = 98$. Die relative Abweichung beträgt also $\frac{2}{98} = 0{,}0204 \approx 2\,\%$.
>
> $434 - 76 + 234 + 36 = ?$
>
> Wieder die gerundeten Zahlen:
>
> $430 - 80 + 230 + 40 = 620$.
>
> Im Vergleich zu $434 - 76 + 234 + 36 = 628$. Auch dies reicht zum Abschätzen. Hier beträgt die relative Abweichung $\frac{8}{628} = 0{,}0127 \approx 1\,\%$.
>
> $9230 \cdot 4 = ?$
>
> Man rundet auf volle Tausender und erhält $9000 \cdot 4 = 36000$. Das bedeutet, das richtige Ergebnis muss größer als 36000 sein. Das richtige Ergebnis lautet: 36920. Hier beträgt die relative Abweichung: $\frac{920}{36920} = 0{,}0249 \approx 2\,\%$.

1 Mathematische Grundlagen

> $29\,512 \cdot 77 = ?$
> Hierzu werden die beiden Zahlen gerundet. D. h. $29\,512 \approx 30\,000$ und $77 \approx 80$. Das Ergebnis von $30\,000 \cdot 80 = 2\,400\,000$, d. h. eine 24 mit 5 Nullen. Da wir in beiden Fällen aufgerundet haben, muss das exakte Ergebnis kleiner als die Überschlagsrechnung sein.
> Das richtige Ergebnis lautet: $29\,512 \cdot 77 = 2\,272\,424$.
> Die relative Abweichung beträgt: $\frac{127\,576}{2\,272\,424} \approx 5{,}6\,\%$.
> Anmerkung: Für die relative Abweichung wurde in den obigen Beispielen der Betrag der Abweichung betrachtet.

Die Überschlagsrechnung gibt uns zwar die Information, ob das Ergebnis plausibel ist und die Größenordnung stimmt. Sie kann aber nicht sicherstellen, dass die Rechnung bzw. der Rechenweg wirklich richtig sind. Um dies zu prüfen, soll an dieser Stelle noch einmal auf die Dimensionsprobe hingewiesen werden. Sie ist eine einfache Methode zur Feststellung, ob eine aufgesetzte Gleichung mit physikalischen/technischen Größen richtig sein kann. Wenn dies der Fall ist, muss im Ergebnis die zur jeweiligen physikalischen/technischen Größe entsprechende Maßeinheit stehen. Aber Vorsicht, dies bedeutet in der Regel wiederum nur, dass der Rechenweg richtig ist, die Rechnung mit den Maßzahlen aber immer noch fehlerbehaftet sein kann.

> **Beispiel:**
> Wie lange braucht eine PFPN 10-1000 an der Wasserentnahmestelle bis eine $4\,km$ lange B-Schlauchleitung gefüllt ist?
> Volumen eines B-Schlauches (Zylinder):
> $V_{schlauch} = A \cdot l = \frac{\pi \cdot d^2}{4} \cdot l = \frac{0{,}75\,dm \cdot 0{,}75\,dm \cdot 3{,}14 \cdot 200\,dm}{4} = 88{,}3125\,dm^3 \approx 88\,l$.
> Um die Überschlagsrechnung durchzuführen, gehen wir von $100\,dm^3$ aus. Für eine $4\,km$ lange Schlauchleitung werden 200 Schläuche benötigt. Das gesamte Volumen der $4\,km$-Schlauchleitung beträgt dann ca. $20\,000\,l$. Um die Zeitdauer zum Befüllen der Schlauchleitung zu berechnen, müssen wir das Volumen durch den Förderstrom dividieren.
> $t = \dfrac{20\,000\,l}{1\,000\,\frac{l}{min}} = 20\,\dfrac{l \cdot min}{l} = 20\,min$.
> Da das Ergebnis als Einheit Minuten hat, zeigt sich, dass der Rechenweg richtig ist. Die Größenordnung der Zeitdauer ist ca. $20\,min$. Im Vergleich zur dieser Überschlagsrechnung berechnen wir nun das genaue Ergebnis:

1.12 Mathematische Darstellungsformen

$$V_{schlauch} = \frac{3{,}14 \cdot 0{,}75\,dm \cdot 0{,}75\,dm \cdot 200{,}0\,dm}{4} \cdot 200 = 17\,662{,}5\,l.$$

$$t = \frac{17\,662{,}5\,l}{1\,000\,\frac{l}{min}} = 17{,}662\,5\,\frac{l \cdot min}{l} \approx 18\,min.$$

Lösung: Eine erste Überschlagsrechnung ergibt 20 *min* bei einem genauen Ergebnis von 18 *min*.

Wichtig ist auch, dass man die Zahlen für die Überschlagsrechnung so rundet, dass diese einfach zu bewerkstelligen ist. Die Art der Rundung hat Einfluss auf die Abweichung vom exakten Ergebnis. Wird z. B. bei einem Produkt aufgerundet, so wird das Rechenergebnis kleiner und umgekehrt beim Abrunden größer als die Abschätzung sein.

1.12 Mathematische Darstellungsformen

Es gibt verschiedene Möglichkeiten, um mathematische Zusammenhänge darzustellen. Zu nennen sind hier die schon bekannten Formeln und Tabellen. Daneben gibt es auch die Möglichkeit zur Darstellung in Form eines Diagramms (altgriech. diágramma = geometrische Figur, Umriss). Hierbei handelt es sich um eine grafische Darstellung von Daten, Sachverhalten oder Informationen. In Abhängigkeit von den darzustellenden Daten werden unterschiedliche Arten von Diagrammen eingesetzt.

Formeln erlauben es, für beliebige Ausgangswerte einen zugehörigen Lösungswert zu berechnen. Um sich oft auftretende Rechenvorgänge zu ersparen, empfiehlt sich das Anlegen einer Tabelle, in der einzelne Ergebniswerte zusammengestellt werden.

1 Mathematische Grundlagen

> **Beispiel:**
> Für technische Hilfeleistungen wird oft Schal- und Rüstholz gebraucht. 1 m^3 kosten 320 €. Zur Festsetzung der Gebühren beim Einsatz des Schal- und Rüstholzes hat sich die Feuerwehr Musterstadt eine Tabelle angelegt:
>
> **Tabelle 4:** *Tabellarische Darstellung von Zusammenhang von Holzmenge und Preis*
>
> | Holzmenge in m^3 | Preis in € | Holzmenge in m^3 | Preis in € |
> |---|---|---|---|
> | 0,10 | 32,– | 1 | 320,– |
> | 0,15 | 48,– | 2 | 640,– |
> | 0,20 | 64,– | 3 | 960,– |
> | 0,25 | 80,– | 4 | 1 280,– |
> | 0,30 | 96,– | 5 | 1 600,– |
>
> Die obige Tabelle erlaubt, den Preis bestimmter Holzmengen unmittelbar abzulesen. Andere Werte können durch einfache Addition ermittelt werden. 2,15 m^3 kosten beispielsweise 640 € + 48 € = 688 €. Die Tabelle hat den Nachteil, dass Zwischenwerte ohne Rechnung nicht abgelesen werden können. Man ist an den einmal gewählten Abstand der Einzelwerte gebunden.

Anstelle einer Tabelle kann man die obige Beziehung – wie schon erwähnt – auch grafisch, d. h. zeichnerisch mit Hilfe eines Kurven-Diagramms darstellen. Solche Diagramme sind in der Technik sehr verbreitet, da man nicht nur Einzelwerte ablesen kann, sondern mit einem Blick den Verlauf der Ergebniswerte in einer Kurve ablesen kann. Man kann ggf. auch auf bislang nicht berechnete Extremwerte schließen, wie z. B. den kleinsten oder größten Wert.

Um ein Kurven-Diagramm zu erstellen, benötigt man zuerst ein sogenanntes Koordinatensystem. Es dient zur Darstellung von Punkten oder anderen geometrischen Elementen in der Ebene. Ausgehend vom Zahlenstrahl, in den man Zahlen eintragen kann, erhält man aus zwei Zahlenstrahlen, die senkrecht zueinanderstehen, das gebräuchlichste Koordinatensystem, das sogenannte rechtwinklige oder kartesische Koordinatensystem. Der Name leitet sich vom dem französischen Mathematiker René Descartes (1596–1650) ab (Wikipedia, 2023[5]), der dieses Koordinatensystem bekannt gemacht hat. Es besteht aus einer waagerechten Achse, der sogenannten x-Achse oder Abzisse (lat. linea abszissa = abgeschnittene Linie) und einer senkrechten Achse, der sogenannten y-Achse oder Ordinate (lat. linea ordinata = geordnete Linie). Der Kreuzungspunkt der beiden Koordinatenachsen wird Ursprung genannt, die entstehenden vier Felder heißen Quadranten. Sofern die darzustellenden Werte positiv sind, liegen die Punkte der Kurven-Diagramme technischer Zusammenhänge im ersten Quadranten rechts oben. Vereinfacht wird dann nur der Quadrant dargestellt, der Informationen, also Datenpunkte, enthält. Auf den beiden Achsen des Koordinatensystems werden die voneinander abhängigen Größen in geeignetem Maßstab aufgetragen. Dabei müssen die Maßstäbe auf den beiden Achsen keinesfalls gleich sein, ebenso können die Achsen unterschiedlich lang sein.

Eine Koordinate ist eine von mehreren Zahlen, mit denen man die Lage eines Punktes in dem zugehörigen Koordinatensystem beschreibt. Wird ein Punkt durch zwei Koordinaten beschrieben, spricht man von einem »Koordinatenpaar«. Der Fachbegriff der Koordinate – in der Bedeutung »Lageangabe« – leitet sich von der Ordinate ab (Wikipedia, 2021[20]).

> **Beispiel:**
> Der Graph einer proportionalen Funktion ist eine Ursprungsgerade. Dies gilt z. B. auch für den Preis, den man für die Holzmenge bezahlen muss, wie in ▶ Tabelle 4 dargestellt.

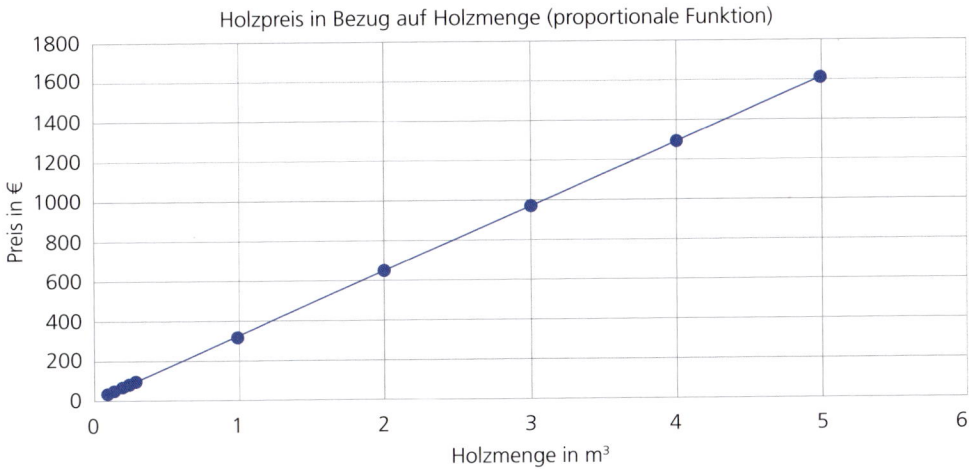

Bild 30: *Grafische Darstellung von Tabelle 4*

Etliche Vorgänge starten oft relativ langsam und verlaufen dann sehr schnell. Dieses Verhalten nennt man exponentiell. Exponentialfunktionen haben in den Naturwissenschaften, u. a. bei der mathematischen Beschreibung von Wachstumsvorgängen (exponentielles Wachstum), eine herausragende Bedeutung. Mathematisch bezeichnet man als Exponentialfunktion eine Funktion der Form $y = a^x$. Hier ist der Exponent x des Potenzausdrucks variabel und die Basis a ist fest vorgegeben. Zu unterscheiden sind hiervon die sogenannten Potenzfunktionen der Form $y = x^a$, wo der Exponent a fest vorgeben ist und die Basis x die Variable darstellt (Wikipedia, 2021[21]).

> **Beispiel:**
>
> Der Akku eines HRT (Handheld Radio Terminal) verliert im Betrieb jeden Tag 10 % an Kapazität (C_{akku}). Welcher Prozentsatz der C_{akku} ist nach 20 Tagen noch vorhanden?
>
> Die verfügbare C_{akku} zu Beginn setzen wir 1 oder 100 %. Nach einem Tag beträgt C_{akku} nur noch 90 % oder 0,90. Nach zwei Tagen $0{,}90 \cdot 0{,}90$ usw. Die Formel zur Berechnung der Prozentzahl p_{cakkux} von C_{akku} lautet:
>
> $p_{cakkux} = 0{,}90^x$,
>
> wobei x die Anzahl der Tage darstellt.
>
> $p_{cakku20} = 0{,}90^{20} \approx 0{,}12$.
>
> Lösung: Nach 20 Tagen hat der Akku noch 12 % C_{akku}.

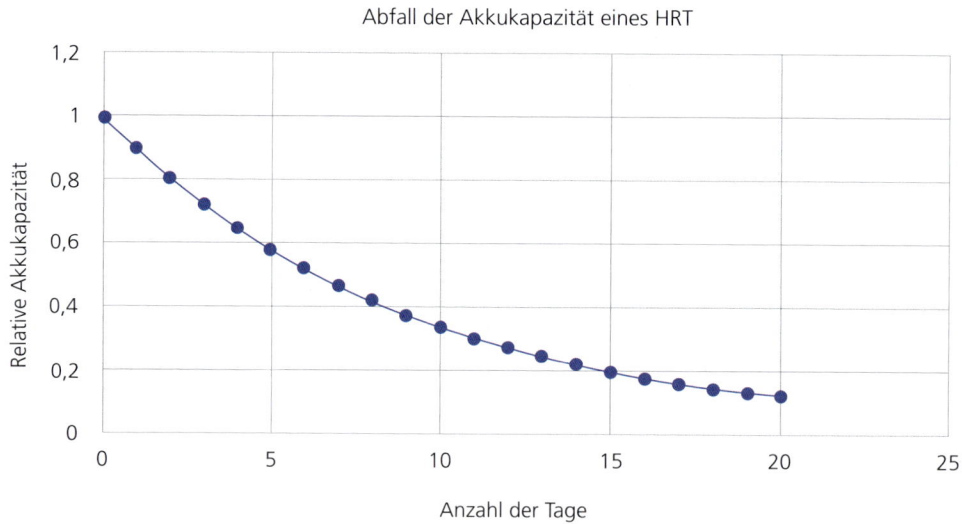

Bild 31: *Abfall der Akkukapazität – Beispiel für exponentielle Funktion*

1.12 Mathematische Darstellungsformen

Oft werden jedoch Kurvendiagramme von technischen Zusammenhängen und Abhängigkeiten angegeben, die rechnerisch nur schwer darstellbar sind, da die Abhängigkeiten komplex und nicht einfach zu berechnen sind. Die Diagrammkurven werden dann empirisch, d. h. durch Versuch ermittelt. Es werden Messreihen durchgeführt und die erhaltenen Messpunkte in das Koordinatensystem eingetragen. Bei genügend eng gewählten Messpunkten kann dann eine Kurve für den Zusammenhang beider Größen gezeichnet werden, die in der Regel keine Gerade sein wird.

Das nachfolgende Diagramm zeigt die Förderhöhe (Gegendruck) einer Feuerlöscheinbaupumpe (FPN 10-2000) in Abhängigkeit vom Förderstrom bei konstanter Drehzahl ($n = 3\,150\,\frac{1}{min}$) in Abhängigkeit der geodätischen Saughöhe.

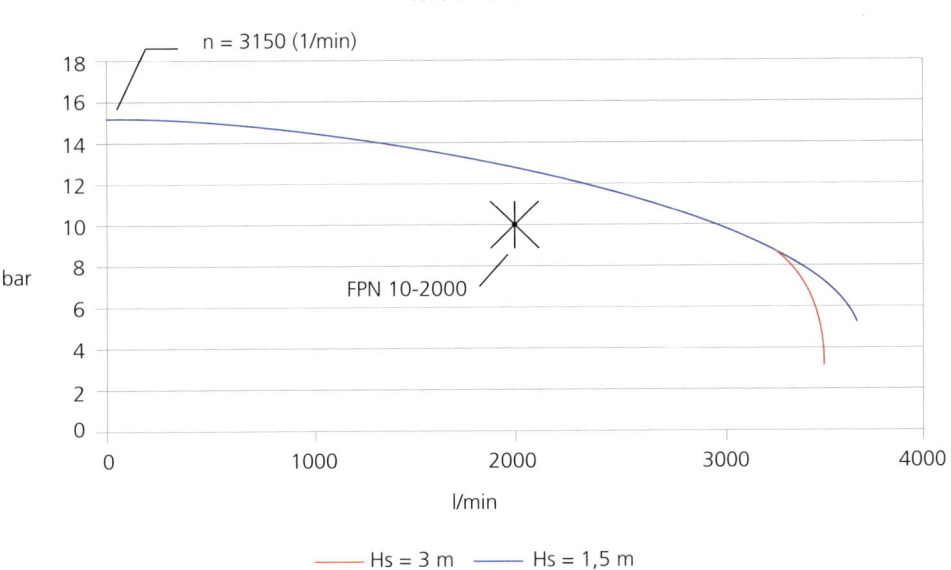

Bild 32: ***Förderhöhe in Abhängigkeit des Förderstroms einer FPN 10-2000 (Quelle: bachert-feuerwehrtechnik.de).***

2 Wichtige Naturgesetze, die jede Feuerwehreinsatzkraft kennen sollte

Die folgende Sammlung von Naturgesetzen ist an der Praxis des Einsatzspektrums orientiert. Ziel ist es, anhand der für das Feuerwehr-Fachrechnen wichtigsten Zusammenhänge aus den Gebieten der Mechanik, Hydraulik und Wärmelehre das Rechnen mit einfachen Formeln zu praktizieren und dabei auch den physikalisch/technischen Hintergrund kennen zu lernen.

2.1 Mechanik fester Gegenstände/Körper

Bei der Lösung von physikalischen/technischen Fragestellungen ist es oftmals sinnvoll, nicht den realen Gegenstand, im Folgenden Körper genannt, mit seinen Abmessungen, sondern ein vereinfachtes Modell von ihm zu betrachten. Dieses Vorgehen ermöglicht es oftmals erst, physikalische Gesetze in überschaubarer Weise zu formulieren.

2.1.1 Physikalische Modelle zur Beschreibung von Körpern

In den nachfolgenden Abschnitten wird auf zwei Modelle zur Beschreibung von Körpern eingegangen. Je nach Fragestellung wird entweder das Modell Massepunkt oder das Modell starrer Körper angewandt.

2.1.1.1 Das Modell Massepunkt

Wenn die Abmessungen eines Körpers bei der Beschreibung eines physikalischen Phänomens vernachlässigbar sind, nutzt man das Modell Massepunkt oder Punktmasse. Bei dieser modellhaften Vorstellung denkt man sich die gesamte Masse eines realen Körpers in einem Punkt vereinigt. Als den betreffenden Punkt wählt man den Massenmittelpunkt (Schwerpunkt).

Der Schwerpunkt eines Körpers ist der gedachte Angriffspunkt der Schwerkraft, d. h. der Körper wird genauso von der Schwerkraft bewegt, wie eine Punktmasse am Ort des Schwerpunkts. Bei regelmäßig geformten homogenen Körpern aus einem

2.1 Mechanik fester Gegenstände/Körper

Stoff liegt der Schwerpunkt in der Körpermitte. Bei unregelmäßig geformten, inhomogenen Körpern kann man den Schwerpunkt experimentell bestimmen. Er kann auch außerhalb des realen Körpers liegen. Zur Bestimmung des Schwerpunktes hängt man den Körper an einem beliebigen Punkt A1 auf. Der Schwerpunkt befindet sich nun auf der lotrechten Linie durch den gewählten Aufhängepunkt A1. Wird der Körper nun an einem zweiten beliebigen Aufhängepunkt A2 aufgehängt, so stellt der Schnittpunk S der beiden lotrechten Linien den Schwerpunkt da (Wikipedia, 2021[22]).

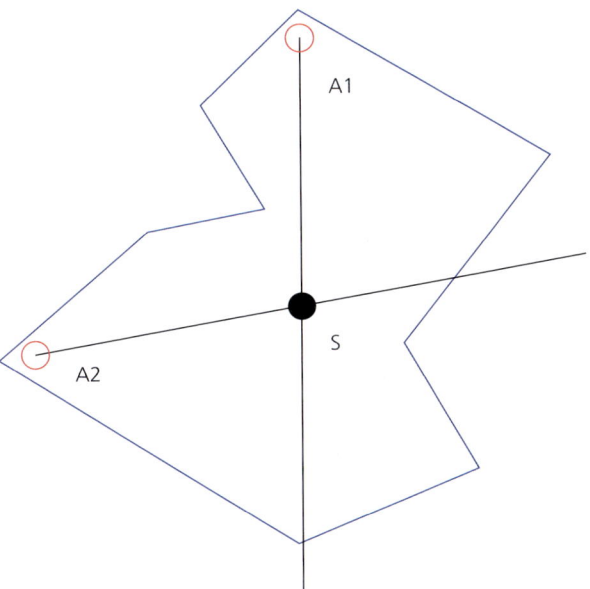

Bild 33: *Experimentelle Bestimmung des Schwerpunktes*

Beispiele für den Einsatz des Modells Massepunkt ist die physikalische Beschreibung der Bewegung von Körpern längs einer Bahn. So ist es bei der Betrachtung der gradlinig fortschreitenden (translatorischen, lat. translatio = Verlegung) Bewegung (= alle Punkte eines Körpers erfahren die gleiche Verschiebung) eines fahrenden Autos und ihrer Beschreibung im Prinzip egal, auf welchen Punkt des Autos man die Bewegung bezieht. Die Gesetzmäßigkeiten bleiben für alle Teile des Autos gleich. Weitere Beispiele für den Einsatz des Modells Massepunkt sind das Werfen eines Balls, der sogenannte schräge Wurf und die Drehung der Erde um die Sonne. Auch die Bewegungsgesetze der Translation (▶ Kapitel 2.1.2) sind unter der Bedingung formuliert, dass man die betreffenden Körper als Massepunkte ansehen kann.

2.1.1.2 Das Modell starrer Körper

Bezieht man die auf einen Körper wirkenden Kräfte mit ein, so stellt sich der Sachverhalt wiederum anders dar. Greift eine Kraft an nur einer Seite eines Löschfahrzeuges an, so wirkt sie anders als die gleiche Kraft, die im Schwerpunkt des Löschfahrzeuges angreift. Um die Rotation der Erde um ihre Achse oder das Drehen eines Rades zu beschreiben, kann man nicht mit dem Modell Massepunkt arbeiten.

Wenn man Form und Volumen eines realen Körpers berücksichtigen muss, wird in der Physik das Modell starrer Körper genutzt. Hierbei wird der Körper als System von starr verbundenen Masseelementen betrachtet, so dass Form und Volumen des Körpers fest vorgegeben sind. Die Bewegungsgesetze der Rotation sind beispielsweise für starre Körper formuliert. Je nachdem, was man beschreiben will, können beide Modelle auch auf den gleichen Körper angewendet werden. Wird nur ein einzelner Punkt auf einem Rad beschrieben, so kann dafür das Modell Massepunkt angewandt werden. Die Bewegung des Punktes kann dann mithilfe der Gesetze der sogenannten Kreisbewegung (▶ Kapitel 2.1.2.7) beschrieben werden (LernHelfer, 2010[1]).

2.1.2 Bewegung von Körpern (Kinematik)

Bei der Bewegungslehre oder Kinematik, der physikalischen Beschreibung der Bewegung von Körpern, wird das Modell Punktmasse eingesetzt. Es werden nur die Bewegung der Körper und deren Gesetzmäßigkeiten betrachtet, ohne dabei die Ursachen zu betrachten, die diese Bewegungen hervorrufen oder beeinflussen. Für die Beschreibung der verschiedenen Bewegungsformen müssen wir uns zunächst mit den Größen Ort, Zeit, Geschwindigkeit und Beschleunigung bzw. Verzögerung und deren mathematischen Beschreibung befassen. Während die ersten beiden auch im Alltag leicht beobachtbare Größen sind, ist dies bei der Geschwindigkeit und der Beschleunigung nicht ganz so einfach.

2.1.2.1 Geschwindigkeit

Die Geschwindigkeit v beschreibt, in welcher Zeit und in welche Richtung ein Körper seinen Ort verändert. Da die Geschwindigkeit nicht nur die Ortsänderung, sondern auch die Richtung der Änderung beschreibt, handelt es sich hierbei um eine gerichtete (vektorielle) Größe. Vektoren (lat. vector = Träger, Fahrer) sind physika-

2.1 Mechanik fester Gegenstände/Körper

lische Größen, die durch Betrag (= immer eine positive Zahl) und Richtung bestimmt werden.

Mathematisch wird die Geschwindigkeit aus dem Quotienten der zurückgelegten Streckenänderung Δs und dem Zeitintervall Δt, in dem die Streckenänderung erfolgte, gebildet. Der griechische Großbuchstabe Δ (ausgesprochen Delta) wird in Kombination mit Formelzeichen verwendet, um eine Differenz oder Intervall einer Größe zu kennzeichnen. Wenn die Differenz oder das Intervall sehr klein werden, wird anstelle des großen Δ der entsprechende Kleinbuchstabe δ verwendet oder oftmals der Buchstaben Δ ganz weggelassen.

$$v = \frac{\Delta s}{\Delta t}.$$

Die SI-Einheit lautet: $[v] = 1\frac{m}{s}$.

2.1.2.2 Die gleichförmige Bewegung

Betrachtet man die Bewegungsarten in unserer alltäglichen Umgebung, so begegnet man immer wieder einem Sonderfall der Bewegung, der sogenannten gleichförmigen Bewegung. Bei einer gleichförmigen Bewegung bewegt sich der betrachtete Körper während des gesamten Betrachtungszeitraums mit konstanter Geschwindigkeit. Es gilt:

$$v = \frac{\Delta s}{\Delta t} = \frac{\delta s}{\delta t} = konstant.$$

Bei einer gleichförmigen Bewegung gilt also der berechnete Quotient v für jeden Ort der Bewegung und für jedes betrachtete Zeitintervall Δt. Daher kann man das Δ in der Definition der Geschwindigkeit auch weglassen.

Beispiele hierfür sind Förder- oder Rollbänder zum Befördern von Produkten oder Menschen. Diese werden mit konstanter Geschwindigkeit betrieben, damit auf die Transportgüter oder Menschen keine Kräfte einwirken und sie nicht von den Förder- oder Rollbänder fallen. Wenn es keine Reibung oder Luftwiderstand gäbe, würden einmal angestoßene Rollbänder mit konstanter Geschwindigkeit immer weiter laufen. Aufzüge, Autos, Züge und Flugzeuge bewegen sich zwischen den Beschleunigungs- und Bremsvorgängen auf gradlinigen Wegstrecken mit konstanter Geschwindigkeit ebenfalls gleichförmig.

Durch Umstellen der Formel kann man aus der bekannten Geschwindigkeit beispielsweise auf die zurückgelegte Wegstrecke innerhalb eines Zeitintervalls schließen.

$v = \frac{s}{t} \quad | \cdot t,$

$s = v \cdot t.$

> **Beispiel:**
> Ein Rüstzug fährt geschlossen mit Sonderrechten auf der nächtlich leeren Autobahn zum Einsatzort. Die Einsatzleiterin wird von der Integrierten Leitstelle per Funk angefragt, wie lange es noch dauert, bis der Rüstzug an der Einsatzstelle ist, die vor der nächsten Abfahrt in $s = 15\,km$ Entfernung liegt. Der Tacho des Einsatzleitfahrzeuges zeigt eine Geschwindigkeit von $v = 70\,\frac{km}{h}$ an.
>
> $v = \frac{s}{t} \quad | \cdot \frac{t}{v},$
>
> $t = \frac{s}{v} = \frac{15\,km}{70\,\frac{km}{h}} = \frac{15\,km \cdot h}{70\,km} = \frac{3}{14}h \approx 13\,min.$
>
> Lösung: Der Rüstzug wird in ca. 13 min an der Einsatzstelle eintreffen.
> Anmerkung: Bei der Berechnung wurde von einer konstanten Geschwindigkeit ausgegangen und der Abbremsvorgang vor der Einsatzstelle vernachlässigt.

2.1.2.3 Die ungleichförmige Bewegung

Als ungleichförmige Bewegung bezeichnet man eine Bewegung, bei der ein Körper in gleichlangen Zeitabschnitten verschieden lange Strecken zurücklegt, d. h. dass sich die Geschwindigkeit während der Bewegung ändert. Wie man sich leicht vorstellen kann, ist dies der allgemeinere Fall der Bewegung. Es gilt also:

$v \neq konstant.$

So ist die ungleichförmige Bewegung die Bewegungsform, die uns im Alltag am häufigsten begegnet. Beispielsweise, wenn wir mit vielen Starts und Stopps an Kreuzungen und Ampeln und dazwischen Fahrstrecken, wo wir beschleunigen/abbremsen bzw. mit weitgehend konstanter Geschwindigkeit innerhalb der Stadt fahren. Da die Geschwindigkeit bei einer ungleichförmigen Bewegung nicht konstant ist, sondern sich ständig verändert, bedeutet dies, dass der Körper immer wieder abgebremst oder beschleunigt wird.

In ▶ Bild 34 ist eine reale Ort-Zeit-Bewegungskurve dargestellt. Hier ist dargestellt, wie die mittlere Geschwindigkeit und die Augenblicksgeschwindigkeit berechnet werden.

2.1 Mechanik fester Gegenstände/Körper

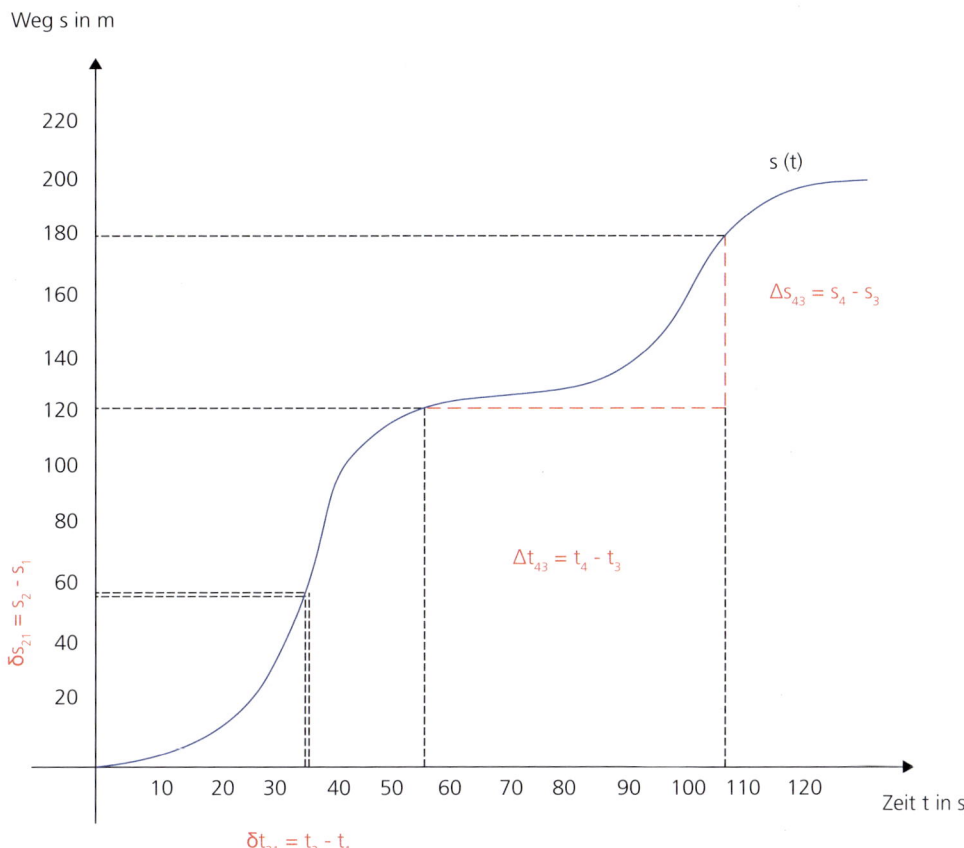

Bild 34: *Ort-Zeit-Diagramm eines beliebigen Bewegungsverlaufes*

Beispiel:
a) Berechne die mittlere Durchschnittsgeschwindigkeit $v_{43mittel}$ mit der z. B. die Wegstrecke Δs_{43} zurückgelegt wurde.
b) Wie groß ist die Momentangeschwindigkeit $v_{21momentan}$ im sehr kleinen Intervall δ_{21}?

Zu a)
Mit der Formel
$$v = \frac{\Delta s}{\Delta t} = \frac{s_2 - s_1}{t_2 - t_1}$$

wird die mittlere Durchschnittsgeschwindigkeit $v_{43\,mittel}$ mit der die Wegstrecke Δs_{43} zurückgelegt wurde, berechnet.

$$v_{43mittel} = \frac{\Delta s_{43}}{\Delta t_{43}} = \frac{s_4 - s_3}{t_4 - t_3} = \frac{(180{,}0 - 120{,}0)\,m}{(105{,}0 - 58{,}0)\,s} = \frac{60{,}0\,m}{47{,}0\,s} = 1{,}276\,59\,\frac{m}{s} \approx 1{,}28\,\frac{m}{s}.$$

Lösung: Die mittlere Durchschnittsgeschwindigkeit $v_{43mittel}$ im Zeitraum von 58 bis 105 Sekunden beträgt 1,28 $\frac{m}{s}$.

Zu b)
Wenn man nun das Zeitintervall sehr klein wählt, dann erhält man aus dem Quotienten die Augenblicksgeschwindigkeit (Momentangeschwindigkeit) $v_{21momentan}$ an einem Ort oder Zeitpunkt.

$$v_{21momentan} = \frac{\delta s_{21}}{\delta t_{21}} = \frac{s_2 - s_1}{t_2 - t_1} = \frac{(58{,}0 - 57{,}0)\,m}{(35{,}0 - 34{,}0)\,s} = 1{,}00\,\frac{m}{s}.$$

Lösung: Die Momentangeschwindigkeit $v_{21momentan}$ im Zeitraum von 57 bis 58 Sekunden beträgt 1,00 $\frac{m}{s}$.

Ein Fahrzeug legt eine Strecke von 24 km in 26 min und 24 s zurück. Welcher Durchschnittsgeschwindigkeit entspricht dies?

$$v_{mittel} = \frac{\Delta s}{\Delta t} = \frac{24\,km}{(26 \cdot 60 + 24)\,s} = \frac{24\,km}{1\,584\,s} = \frac{24\,km}{1\,584\,s \cdot \frac{1\,h}{3\,600\,s}} = \frac{24 \cdot 3\,600\,km}{1\,584\,h}$$

$$= 54{,}545\,454\,55\,\frac{km}{h} \approx 55\,\frac{km}{h}.$$

Lösung: Die Durchschnittsgeschwindigkeit, mit der die Strecke zurückgelegt wurde, beträgt 55 $\frac{km}{h}$.

2.1.2.4 Beschleunigung

Die Beschleunigung a beschreibt, in welcher Zeit und in welche Richtung ein Körper seine Geschwindigkeit verändert. Eine Beschleunigung liegt vor, wenn sich bei einer Bewegung

- der Betrag der Geschwindigkeit,
- die Richtung der Geschwindigkeit oder
- der Betrag und die Richtung der Geschwindigkeit

ändern.

Da die Beschleunigung die Änderung der Geschwindigkeit beschreibt, handelt es sich bei der Beschleunigung genauso wie bei der Geschwindigkeit um eine vektorielle Größe, die durch einen Betrag und eine Richtung bestimmt wird. Sofern nur zwei Richtungen möglich sind, können diese durch ein negatives Vorzeichen unterschieden werden.

2.1 Mechanik fester Gegenstände/Körper

Mathematisch ist die Beschleunigung der Quotient aus der im Zeitintervall beobachteten Geschwindigkeitsänderung Δv und dem Zeitintervall Δt.

$$a = \frac{\Delta v}{\Delta t}.$$

Da die Geschwindigkeit die Maßeinheit $1\,\frac{m}{s}$ hat ergibt sich beim Teilen durch eine weitere Zeiteinheit t die SI-Einheit: $[a] = \frac{m}{s^2}.$

2.1.2.5 Die gleichförmig beschleunigte/verzögerte Bewegung

Wenn man sich die Bewegungstypen in unserer alltäglichen Umgebung anschaut, so begegnet man immer wieder einem Sonderfall der Bewegung, der sogenannten gleichförmig beschleunigten/verzögerten Bewegung.

Bei einer gleichförmig beschleunigten/verzögerten Bewegung bewegen sich die betrachteten Körper mit konstanter Beschleunigung/Verzögerung. D. h. in gleichen Zeitabschnitten legt der Körper zunehmend größere/kleinere Wegstrecken zurück als im vorhergehenden Zeitabschnitt. Seine Geschwindigkeit nimmt immer im gleichen Verhältnis kontinuierlich zu/ab, der Körper wird gleichmäßig beschleunigt/verzögert (= abgebremst). In der mathematischen Beschreibung hat die Beschleunigung ein positives und die Verzögerung ein negatives Vorzeichen.

Wie wir in ▶ Kapitel 2.1.3 noch feststellen werden, muss dazu eine konstante Kraft auf den Körper wirken. Die gleichmäßig beschleunigte Bewegung ist eine geradlinige Bewegung, wenn Beschleunigung und Anfangsgeschwindigkeit in die gleiche Richtung weisen. Ein Beispiel hierfür ist der freie Fall. Hier wirkt die Erdbeschleunigung g und die Anfangsgeschwindigkeit in Richtung der Erdoberfläche.

Ist dies nicht der Fall, entsteht eine Parabel als Bahnkurve. Hier ist der horizontale Wurf ohne Berücksichtigung des Luftwiderstandes als Beispiel zu nennen. Bei diesem Fall zeigt die konstante Geschwindigkeit in Wurfrichtung und die Beschleunigung in Richtung der Erdoberfläche. Die Flugbahn des Körpers ist eine gekrümmte Kurve und wird Parabel genannt.

Es gilt:

$$a = \frac{\Delta v}{\Delta t} = \frac{v}{t} = konstant.$$

Bei einer gleichförmig beschleunigten Bewegung gilt also der berechnete Quotient a für jeden Ort der Bewegung. Da die Änderungen der Geschwindigkeit in allen betrachten Zeitabschnitten immer gleich ist, kann man auch hier bei der Definition der Beschleunigung Δ weglassen. Durch Umstellen der Formel kann man aus der bekannten Beschleunigung/Verzögerung z. B. die Geschwindigkeit berechnen.

$$v = a \cdot t \quad \text{und} \quad t = \frac{v}{a}.$$

Die Geschwindigkeit v, die mit dieser Gleichung berechnet wird, ist die Endgeschwindigkeit des Körpers.

> **Beispiel:**
>
> Ein fallender Körper erfährt die Erdbeschleunigung $g = 9{,}81 \, m/s^2$. Welche Geschwindigkeit hat er nach $3{,}00 \, s$ Fallzeit?
>
> $$v = a \cdot t = 9{,}81 \, \frac{m}{s^2} \cdot 3{,}00 \, s = 9{,}81 \cdot 3{,}00 \, m \, \frac{s}{s^2} = 29{,}43 \, \frac{m}{s} = \frac{29{,}43 \, km}{1\,000 \, \frac{h}{3\,600}}$$
>
> $$= \frac{29{,}43 \cdot 3\,600 \, km}{1\,000 \, h} = 29{,}43 \cdot 3{,}6 \, \frac{km}{h} = 105{,}948 \, \frac{km}{h} \approx 106 \, \frac{km}{h}.$$
>
> Lösung: Nach $3\,s$ hat der Körper eine Geschwindigkeit von $106 \, \frac{km}{h}$.
>
> Anmerkungen:
> - An diesem Beispiel erkennt man, dass der Faktor 3,6 eine Geschwindigkeit von $\frac{m}{s}$ in $\frac{km}{h}$ verwandelt, bzw., wenn er im Nenner steht, auch umgekehrt.
> - In der Realität ist die Geschwindigkeit kleiner, da der Beschleunigung der Luftwiderstand entgegenwirkt. Ein Fallschirmspringer erreicht bei beliebig großer Fallzeit trotz beständig wirkender Erdbeschleunigung eine ungefähre maximale Fallgeschwindigkeit von $200 \, \frac{km}{h}$. Dann wird die Erdanziehungskraft genauso groß wie der Luftwiderstand und es erfolgt keine weitere Beschleunigung mehr.

Die Herleitung zur Bestimmung einer zurückgelegten Wegstrecke s aus der Beschleunigung würde den Rahmen dieses Fachbuches sprengen. Deshalb wird hier die Berechnungsformel ohne weitere Herleitung vorgestellt:

$$s = \frac{v^2}{2 \cdot a} = \frac{1}{2} \cdot a \cdot t^2.$$

In dieser Formel muss die Endgeschwindigkeit v des Körpers eingesetzt werden. Dabei wird stets angekommen, dass die Beschleunigung aus dem Stillstand erfolgt, d. h. dass die Anfangsgeschwindigkeit v_0 gleich 0 war. Ist dies nicht der Fall, so lauten die Formeln:

$$v_t = v_0 + a \cdot t \quad \text{und} \quad s = \frac{v_t^2 - v_0^2}{2 \cdot a}.$$

2.1 Mechanik fester Gegenstände/Körper

> **Beispiel:**
> Die Bremsen eines Löschfahrzeuges bewirken eine Verzögerung von $5{,}5\frac{m}{s^2}$. Wie groß ist die Strecke, die das Fahrzeug zurücklegt, wenn es aus $v_0 = 80\frac{km}{h}$
>
> a) zum Anhalten gebracht wird?
>
> b) auf eine Fahrgeschwindigkeit von $v_t = 30\frac{km}{h}$ abgebremst wird?
>
> Allgemein gilt, dass eine Verzögerung eine negative Beschleunigung darstellt, d. h.: $a = -5{,}5\frac{m}{s^2}$.
>
> Zu a)
>
> $$v_0 = 80\frac{km}{h} = 80\,000\frac{m}{3\,600\,s} = \frac{800\,m}{36\,s} = \frac{80\,m}{3{,}6\,s}, \quad v_t = 0\frac{km}{h} = 0\frac{m}{s}.$$
>
> $$s = \frac{v_t^2 - v_0^2}{2a} = \frac{0\,m^2 - \frac{80\cdot 80\,m^2}{3{,}6\cdot 3{,}6\,s^2}}{2\cdot\left(-5{,}5\frac{m}{s^2}\right)} = \frac{-6\,400\,m^2}{3{,}6\cdot 3{,}6\,s^2 \cdot 2\cdot\left(-5{,}5\frac{m}{s^2}\right)} = 44{,}89\,m \approx 45\,m.$$
>
> Lösung: Das Löschfahrzeug kommt nach $s = 45\,m$ zum Stehen.
>
> Zu b)
>
> Jetzt ist die Endgeschwindigkeit nicht 0, sondern $30\frac{km}{h}$.
>
> $$v_0 = 80\frac{km}{h} = \frac{80\,m}{3{,}6\,s}, \quad v_t = 30\frac{km}{h} = \frac{30\,m}{3{,}6\,s}.$$
>
> $$s = \frac{v_t^2 - v_0^2}{2a} = \frac{\frac{30\cdot 30\,m^2}{3{,}6\cdot 3{,}6\,s^2} - \frac{80\cdot 80\,m^2}{3{,}6\cdot 3{,}6\,s^2}}{2\cdot\left(-5{,}5\frac{m^2}{s}\right)} = \frac{900\,m^2 - 6\,400\,m^2}{3{,}6\cdot 3{,}6\,s^2 \cdot 2\cdot\left(-5{,}5\frac{m}{s^2}\right)}$$
>
> $$= \frac{-5\,500\,m^2}{12{,}96 \cdot 2 \cdot\left(-5{,}5\frac{s^2 m}{s^2}\right)} = \frac{-500}{-12{,}96}\,m = 38{,}58\,m \approx 39\,m.$$
>
> Lösung: Das Löschfahrzeug wird innerhalb von $39\,m$ auf $30\frac{km}{h}$ abgebremst.

2.1.2.6 Die ungleichmäßig beschleunigte/verzögerte Bewegung

Als ungleichförmig beschleunigte/verzögerte Bewegung bezeichnet man eine Bewegung, bei der sich die Beschleunigung während der Bewegung verändert. Es gilt: $a \neq$ konstant.

Mit der Formel

$$a = \frac{\Delta v}{\Delta t} = \frac{v_2 - v_1}{t_2 - t_1}$$

wird dann die mittlere Durchschnittsbeschleunigung a_{mittel} während des Beschleunigungsvorgangs berechnet. Wenn man nun das Zeitintervall Δt sehr klein wählt, dann erhält man aus dem Quotienten die Augenblicksbeschleunigung (Momentanbeschleunigung).

Im Alltag begegnet uns die ungleichförmige beschleunigte/verzögerte Bewegung zum Beispiel beim Autofahren in der Stadt, mit oftmals vielen Abbrems- und Beschleunigungsvorgängen an Kreuzungen und Ampeln und dazwischen Fahrstrecken mit weitgehend konstanter Geschwindigkeit.

2.1.2.7 Kreisbewegung

Neben der geradlinig verlaufenden (translatorischen) Bewegung ist die gleichförmige Kreisbewegung in technischen Anwendungen und damit auch im Bereich der Feuerwehr von Bedeutung. Oftmals findet man auch den Begriff der Drehbewegung oder Rotation, so dass wir diese Begriffe von der Kreisbewegung abgrenzen wollen. Bei der Beschreibung von Massepunkt und starrer Körper haben wir schon deutlich gemacht, dass eine Bewegung als kreisförmig bezeichnet wird, wenn der Radius der Kreisbahn groß ist im Vergleich zu den Abmessungen des sich bewegenden Körpers. Ist der Radius der kreisförmigen Bewegung hingegen in der gleichen Größenordnung wie die Abmessungen des Körpers, so spricht man von einer Rotation. So kann man die Erde bei ihrer Kreisbewegung um die Sonne aufgrund der großen Distanzen als Massepunkt betrachten. Bei der Rotation um ihre eigene Achse wiederum wird sie als starrer Körper beschrieben.

Eine gleichförmige Kreisbewegung liegt vor, wenn sich ein Körper konstant mit dem gleichen Betrag der Geschwindigkeit auf einer kreisförmigen Bahn bewegt. Die gleichförmige Kreisbewegung ist aber im Gegensatz zur gleichförmigen gradlinigen Bewegung eine beschleunigte Bewegung, da sich ständig die Richtung der Geschwindigkeit entlang der Kreiskurve ändert und daher in diese Richtung eine Kraft wirken muss. Würde keine Kraft auf den Körper wirken, würde dieser aus der Kreisbahn fliegen. Von der gradlinigen Bewegung wissen wir, dass die Geschwindigkeit der Quotient aus zurückgelegter Strecke und der verstrichenen Zeit ist, d. h.

$$v = \frac{s}{t}.$$

Um die Geschwindigkeit für die Kreisbewegung, die sogenannte Bahngeschwindigkeit, zu ermitteln, berechnen wir zunächst die Strecke, die der Körper während einer Umdrehung zurücklegt. Hierbei handelt es sich um den Umfang U des Kreises, der die Kreisbahn beschreibt. Der Abstand vom Mittelpunkt der Kreisbahn entspricht hierbei dem Radius r des Kreises. Der Umfang eines Kreises berechnet sich (▶ Kapitel 1.9.7) folgendermaßen:

$$U = 2 \cdot r \cdot \pi.$$

2.1 Mechanik fester Gegenstände/Körper

Wenn der Körper sich auf der Kreisbahn befindet und z (= ganze Zahl) Umdrehungen durchführt, so legt er die Strecke

$$s = z \cdot U = z \cdot 2 \cdot r \cdot \pi$$

zurück. Teilt man diese Strecke durch die Zeitdauer, so erhält man die Bahngeschwindigkeit

$$v_{bahn} = \frac{s}{t} = \frac{z \cdot U}{t} = \frac{z \cdot 2r \cdot \pi}{t} = \frac{z}{t} \cdot 2r \cdot \pi.$$

Wie zu erwarten, gilt für $[v_{bahn}] = \frac{m}{s}$. Da z und π einheitenlos sind, bleiben nur die Einheiten m und s übrig.

Der Quotient $\frac{z}{t}$ gibt dabei an, wie viele Umläufe oder Umdrehungen pro Zeiteinheit der Körper durchläuft. Er wird auch Drehzahl oder Umdrehungs-/Drehfrequenz genannt und hat n als Formelzeichen. Die maximale Umdrehungszahl wird z. B. als Leistungsparameter bei Motoren angegeben. Die Angabe erfolgt in der Technik meistens in Umdrehungen pro Minute $\frac{z}{min}$ bzw. bei physikalischen Berechnungen Umdrehungen pro Sekunde $\frac{z}{s}$. Da bei der gleichförmigen Kreisbewegung die Bahngeschwindigkeit

$$v_{bahn} = \frac{s}{t} = \frac{z \cdot U}{t} = n \cdot U$$

konstant ist, gilt dies auch bei der Umlaufdauer T pro Umdrehung.

Setzt man $z = 1$ und $t = T$ in die Bahngeschwindigkeit ein, so ergibt sich:

$$v_{bahn} = \frac{1 \cdot U}{T}.$$

Setzen wir nun die beiden Gleichungen für die Bahngeschwindigkeit gleich:

$$n \cdot U = \frac{1 \cdot U}{T} \quad \text{folgt:} \quad n = \frac{1}{T}.$$

Das bedeutet, dass die Drehzahl n der Kehrwert der Umlaufdauer ist. Die Drehzahl bei Drehbewegungen entspricht der Frequenz bei anderen periodischen Vorgängen, z. B. Schwingungen. Neben der Bahngeschwindigkeit gibt es auch noch die Winkelgeschwindigkeit ω, die angibt, welcher Winkel in welcher Zeitdauer bei einer Kreisbewegung überstrichen wird. Beim Einheitskreis ($r = 1$, ▶ Kapitel 1.8.7) gilt für die Bahngeschwindigkeit:

$$v_{bahn_{einheitskreis}} = \frac{U}{T} = \frac{2 \cdot 1 \cdot \pi}{T} = \frac{2 \cdot \pi}{T}.$$

Das bedeutet, dass beim Einheitskreis die Bahngeschwindigkeit im Bogenmaß pro Zeiteinheit angegeben wird. Da das Bogenmaß ein Maß für den Winkel beschreibt, folgt, dass die Bahngeschwindigkeit des Einheitskreises der Winkelgeschwindigkeit entspricht.

$$\omega = \frac{2 \cdot \pi}{T}.$$

In ▶ Kapitel 1.8.7 haben wir erfahren, wie man von Bogenmaß in Winkel umrechnet. Es gilt also:

$$\omega = \frac{360°}{T}.$$

Setzt man nun in die Formel für die Bahngeschwindigkeit des Einheitskreises wieder r für beliebige Radien ein, sieht man, dass gilt:

$$v_{bahn} = \frac{2 \cdot r \cdot \pi}{T} = \frac{2 \cdot \pi}{T} \cdot r = \omega \cdot r \text{ mit } \omega = \frac{2 \cdot \pi}{T}.$$

Je größer der Radius eines Kreises ist, desto größer ist die Bahngeschwindigkeit bei gleichbleibender Winkelgeschwindigkeit.

> **Beispiel:**
> Der Drehzahlmesser eines Kraftfahrzeugs zeigt die Motorendrehzahl $n_{räder} = 5200 \frac{1}{min}$ an. Diese wird mit dem Gesamtübersetzungsverhältnis $i = 4{,}18$ auf die Räder übertragen. Die bereiften Räder besitzen einen Durchmesser von $d = 600\,mm$.
> Wie schnell fährt das Kraftfahrzeug in $\frac{km}{h}$, wenn man annimmt, dass die Umfangsgeschwindigkeit v_u (= Bahngeschwindigkeit) der Räder gleich der Fahrgeschwindigkeit v ist (d. h. ohne Berücksichtigung des möglichen Schlupfes)?
> Es gilt:
> $i = \frac{n_{räder}}{n_{motor}}$, $d = 600\,mm = 0{,}600\,m$.
> $n_{motor} = \frac{n_{räder}}{i} = \frac{5200 \frac{1}{min}}{4{,}18} = \frac{5200}{60 \cdot 4{,}18} \frac{1}{s} = 20{,}73 \frac{1}{s}$.
> $v = v_u = d \cdot \pi \cdot n_{räder} = 0{,}600\,m \cdot 3{,}14 \cdot 20{,}73 \frac{1}{s} = 39{,}055 \frac{m}{s} = 39{,}055 \cdot 3{,}6 \frac{km}{h}$
> $= 140{,}59 \frac{km}{h} \approx 141 \frac{km}{h}$.
> Lösung: Die Geschwindigkeit beträgt $v = 141 \frac{km}{h}$.

2.1 Mechanik fester Gegenstände/Körper

2.1.3 Kraft

Der Begriff der Kraft ist in der Physik von grundlegender Bedeutung. Kräfte sind von uns Menschen nicht unmittelbar wahrzunehmen, sondern nur an ihren Wirkungen erkennbar. So sind Kräfte im Spiel, wenn Fahrzeuge beschleunigt oder abgebremst werden. Dies ist auch der Fall bei Formveränderungen (elastische oder plastische Verformung) von Körpern oder deren Zerstörung. Das Formelzeichen der Kraft ist das F (lat. fortitudo bzw. engl. force = Kraft). $[F]$ = Newton (N). Die Kraft ist eine Wechselwirkungsgröße. Sie wirkt immer zwischen zwei oder mehreren Körpern, wobei die Körper wechselseitig aufeinander einwirken. Dabei gilt das sogenannte:

Wechselwirkungsgesetz:

Wirken zwei Körper wechselseitig aufeinander ein, so sind die Kräfte gleich groß und entgegengesetzt gerichtet.

Daraus lässt sich schließen, dass die Kraft eine gerichtete (vektorielle) Größe ist. Das bedeutet, ihre Wirkung ist nicht nur vom Betrag der Kraft abhängig. Vielmehr gilt, dass die Wirkung einer Kraft von den folgenden drei Größen abhängt:
- vom Betrag der Kraft,
- von der Richtung der Kraft und
- vom Angriffspunkt der Kraft.

Allgemein haben Kräfte in der Physik verschiedene Ursachen oder Wirkungen. Teilweise werden sie nach diesen benannt, wie etwa die Reibungskraft, die Fliehkraft und die Gewichtskraft. Oftmals wurden Arten von Kräften auch nach den Personen benannt, die wesentlich an ihrer Erforschung mitgewirkt haben. Beispiele hierfür sind die Coulombkraft, benannt nach dem französischen Physiker Charles Augustin de Coulomb (1736–1806) (Wikipedia, 2021[23]).

Wird ein Körper beschleunigt, kann man die Kraft, die auf einen Körper wirkt, folgendermaßen aus dem Produkt von Masse m und Beschleunigung a (▶ Kapitel 2.1.2.4) berechnen:

$F = m \cdot a$.

Wie man sieht, taucht in dieser Formel neben der schon behandelten Beschleunigung noch ein weiterer Begriff auf, die Masse m.

2.1.4 Masse

Die Masse m gibt an, wie schwer und wie träge ein Körper ist. Sie ist im Unterschied zur Gewichtskraft, die weiter unten noch behandelt wird, an jedem Ort gleich groß, also ortsunabhängig. Es gilt $[m] = kg$. Dies ist eine Basiseinheit des Internationalen Einheitensystems (SI).

2.1.5 Gewichtskraft

Bevor wir uns nun weiter mit dem Zusammenwirken von mehreren Kräften beschäftigen, gehen wir noch auf eine im Alltag überall auf der Erde beobachtbare Kraft, die sogenannte Gewichtskraft ein. Die Erde und auch andere Planeten ziehen Körper in ihrer Umgebung an. Aus diesem Grund wirkt ein Gegenstand, den wir auf der Handoberfläche halten, mit seiner Gewichtskraft F_G, also die auf ihn wirkende Anziehungskraft der Erde, auf die Hand. Genau betrachtet, ziehen sich alle Massen gegenseitig an. Diese Kräfte sind aber oftmals sehr klein und werden in unserem täglichen Erleben nicht wahrgenommen. Aufgrund der großen Masse der Erde hingegen ist diese Kraft für alle Körper beobachtbar.

$$F_G = m \cdot g.$$

Die Gewichtskraft ist das Produkt aus Masse m multipliziert mit der Erdbeschleunigung g. Da es sich um eine Beschleunigung handelt, gilt:

$$[g] = \frac{m}{s^2}.$$

Die Masse ist eine Eigenschaft des Körpers und daher, wie schon bei ihrer Einführung festgestellt, überall gleich, egal ob dieser sich auf der Erde oder dem Mond befindet. Die Erdbeschleunigung hingegen ist ortsabhängig, und zwar umso kleiner je weiter weg der Körper vom Erdmittelpunkt ist. Auf einem Berg oder im Weltall ist sie daher geringer als in einem Tal auf der Erdoberfläche. Im Weltall bzw. auf dem Mond ist sie sogar so gering, dass man von Schwerelosigkeit spricht. Auf der Erdoberfläche beträgt der Wert im Mittel $g = 9{,}81 \frac{m}{s^2}$. Mit diesem Wert werden wir in diesem Fachbuch in der Regel unsere Rechnungen durchführen. An der einen oder anderen Stelle wird auch mal der aufgerundete Wert von $10 \frac{m}{s^2}$ angesetzt.

2.1 Mechanik fester Gegenstände/Körper

2.1.6 Zusammenwirkung von Kräften

Wenn auf einen Körper zwei Kräfte wirken, so kann man diese beiden Kräfte zu einer resultierenden Kraft zusammenfassen. Die resultierende Kraft, kurz auch Gesamtkraft oder Resultierende genannt, kann rechnerisch oder grafisch (= zeichnerisch) ermittelt werden. Rechnerisch wird die Resultierende mit Hilfe der Trigonometrie oder der Vektorrechnung bestimmt. Der Betrag der resultierenden Kraft hängt vom Betrag der beiden Teilkräfte und vom Winkel zwischen ihnen ab. So gilt für zwei Kräfte, die am gleichen Punkt angreifen: Sie sind im Gleichgewicht und heben sich auf, wenn sie entgegengesetzt und gleich groß sind. Während die Grundzüge der Trigonometrie schon angesprochen wurden, übersteigt die Vektorrechnung, für die spezielle Regeln gelten, den Rahmen dieses Fachbuches. Daher werden wir uns an dieser Stelle mit dem grafischen Lösungsverfahren beschäftigen.

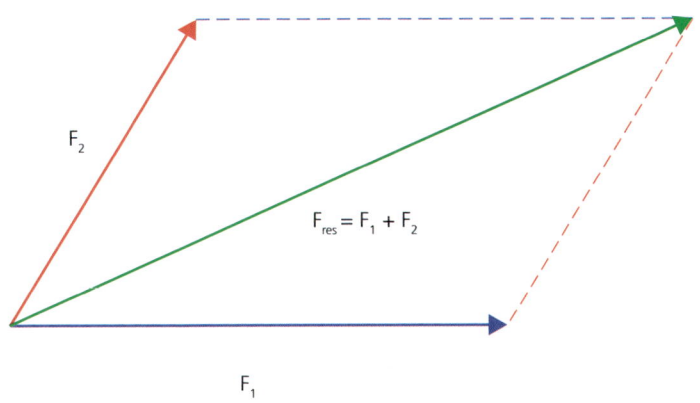

Bild 35: *Kräfteparallelogramm*

Die ▶ Abbildung 35 zeigt ein sogenanntes Kräfteparallelogramm. Hierbei handelt es sich um ein Hilfsmittel zur geometrischen Ermittlung von Kräften. Mit Hilfe des Kräfteparallelogramms wird aus zwei auf einen Körper wirkenden Kräften die resultierende Kraft, die sogenannte Resultierende, zeichnerisch ermittelt. So wird z. B. die Kraft F_2 parallel so verschoben, dass der Angriffspunkt der Kraft F_2 am Endpunkt der Kraft F_1 anliegt. Wenn man nun den Angriffspunkt von F_1 mit dem Endpunkt der Kraft F_2 verbindet, erhält man die resultierende Kraft F_{res}, die die Diagonale des Kräfteparallelogramms dargestellt. Greifen die Kräfte nicht am gleichen Angriffspunkt an, so kann daraus noch ein Drehmoment (▶ Kapitel 2.2.2) auf den Körpern resultieren.

2.1.7 Druck

Druck ist die senkrecht auf eine Fläche wirkende Kraft. Der Zusammenhang von Kraft F, Fläche A und Druck p ist in der nachfolgenden Formel angegeben:

$$p = \frac{F}{A}.$$

Wenn man hier die Einheiten der physikalischen Größen einsetzt, erkennt man, dass gilt:

$$[p] = 1\,\frac{N}{m^2} = 1\,Pa\,\text{(Pascal)}.$$

Benannt ist die Einheit nach dem französischen Mathematiker und Physiker Blaise Pascal (1623–1662) (Wikipedia, 2021[24]). Ein Pascal ist die Kraft von 1 N, die senkrecht und gleichmäßig verteilt auf einen m^2 einwirkt. Wirkt die Kraft in die gegensetzte Richtung, so erhält man negativen Druck. Negativen Druck nennt man auch Unterdruck. Eine weitere in der Technik verwendete Einheit ist *bar*. Geht man von Ausgangsdrücken von Feuerwehrpumpen aus, so liegen diese zwischen 10 und 20 *bar*. Es gilt:

$$100\,000\,Pa = 1\,bar \text{ oder } 1\,hPa = 1\,mbar.$$

Je größer die Fläche ist, auf die eine Kraft einwirkt, umso kleiner ist der Druck, der von der Kraft erzeugt wird. Deswegen werden die Abstützungen von Kränen o. ä. oftmals mit Bohlen unterlegt, damit die Kraft besser verteilt und der Druck auf die Fläche geringer wird. Druck tritt in festen Körpern, Flüssigkeiten und in Gasen auf. Weitere, teils gesetzlich nicht mehr zugelassene oder nur in speziellen Bereichen verwendete Einheiten sind eine Atmosphäre (*at*) oder ein Torr (1 *Torr* entspricht dem Druck von 1 *mm* Quecksilbersäule).

Für diese Einheiten gilt:

1 *at* ≈ 98 067 *Pa*.

1 *Torr* ≈ 133,32 *Pa*.

Da kleinere Flächen häufig in Quadratzentimetern angegeben sind, erhält man bei Rechnungen als Einheit oft $1\,\frac{N}{cm^2}$. Als Umrechnung gilt hier:

2.1 Mechanik fester Gegenstände/Körper

$$\frac{N}{cm^2} = 10\,kPa.$$

Will man die Kraft berechnen, die bei einem bestimmten Druck auf eine Fläche wirkt, muss man die Formel entsprechend umstellen.

$$p = \frac{F}{A} \quad |\cdot A,$$

$$F = p \cdot A.$$

Der Vergleich der Einheiten gibt:

$$[F] = \frac{N}{m^2} \cdot m^2 = N.$$

> **Beispiel:**
> Welche Kraft wirkt auf den eisernen Vorhang, wenn die Bühnenöffnung $a = 12{,}0\,m$ breit und $b = 9{,}00\,m$ hoch und durch den raschen Abbrand von Kulissen im Bühnenhaus ein Überdruck von $p = 3\,mbar$ entsteht?
>
> $p = 3\,mbar = 300\,\frac{N}{m^2}.$
>
> $A = a \cdot b = 12{,}0\,m \cdot 9{,}00\,m = 108\,m^2.$
>
> $F = p \cdot A = 300\,\frac{N}{m^2} \cdot 108\,m^2 = 300 \cdot 108\,\frac{N}{m^2} \cdot m^2 = 32\,400\,N = 32{,}4\,kN.$
>
> Lösung: Es wirkt eine Kraft von 32,4 kN.

2.1.8 (Mechanische) Arbeit

Wenn man sich mit Kräften beschäftigt, so kommt man unweigerlich zu einem anderen Begriff aus der Physik, der (mechanischen) Arbeit. Bei allen Vorgängen, bei denen ein Körper durch eine Kraft bewegt oder verformt wird, wird an dem Körper mechanische Arbeit verrichtet/geleistet. Arbeit ist die Energie, die durch Kräfte auf einen Körper übertragen wird.

Wenn wir noch einmal das Beispiel der Gewichtskraft eines Körpers betrachten, den wir auf der waagrechten Handfläche halten, so muss die Hand die sogenannte Gegenkraft aufbringen. Wenn ich nun aber den Körper entgegen der Gewichtskraft F_G nach oben bewege, so wird dadurch Arbeit verrichtet, da die aufgebrachte Gegenkraft zur Gewichtskraft und die Bewegung in die gleiche Richtung zeigen. Eine Arbeit von $1\,Nm$ wird verrichtet, wenn an einem Körper eine Kraft von $1\,N$ angreift und der Körper dadurch $1\,m$ in Richtung der wirkenden Kraft bewegt wird. Die Arbeit ist das Produkt aus Kraft *F* und Weg *s*. Das Formelzeichen für die Arbeit ist *W* (engl. work = Arbeit).

$W = F \cdot s.$

Die Einheit ein Newtonmeter wird zu Ehren des englischen Physikers James Prescott Joule (1818–1889) auch als ein Joule bezeichnet (Wikipedia, 2021[25]). Es gilt: $1\,Nm = 1\,J$.

> **Beispiel:**
> Mit zwei hydraulischen Pressen wird die Achse eines Lastkraftwagen $s = 150\,mm$ hoch angehoben. Die Achslast beträgt $m = 9{,}25\,t$. Welche Arbeit wird verrichtet?
> $F = m \cdot g = 9250\,kg \cdot 9{,}81\,\frac{m}{s^2} = 9250 \cdot 9{,}81\,\frac{kg \cdot m}{s^2} = 90\,742{,}5\,N.$
> $W = F \cdot s = 90\,742{,}5\,N \cdot 0{,}150\,m = 13\,611{,}375\,Nm \approx 13{,}6\,kNm = 13{,}6\,kJ.$
> Lösung: Es werden $13{,}6\,kJ$ verrichtet.

Arten mechanischer Arbeit

Je nach der Art und Weise, wie mechanische Arbeit verrichtet wird, unterscheidet man verschiedene Arten mechanischer Arbeit. Wird ein Körper durch eine Kraft angehoben, so wird Hubarbeit verrichtet, da in der Regel eine konstante Kraft in Richtung der Bewegung wirkt. D. h. er wird auf eine höhere potentielle Energie oder Lage-Energie gebracht. Hierbei handelt es sich um Energie eines Körpers, die dieser aufgrund seiner Lage unter dem Einfluss einer Kraft (z. B. der Schwerkraft der Erde) besitzt. Diese Energie bedeutet quasi das Potential (lat. potentia = Fähigkeit, Möglichkeit), in Bewegungsenergie umgewandelt zu werden, in dem der Körper beschleunigt wird, wenn er fällt, also seine Lage ändert.

Wird die Bewegung eines Körpers durch eine Reibungskraft gehemmt, so spricht man von Reibungsarbeit. Wenn ein Körper durch eine Kraft beschleunigt wird, so wird an ihm Beschleunigungsarbeit verrichtet. Verformt eine Kraft einen Körper, so spricht man von Verformungsarbeit, im Falle der Verformung einer Feder auch von Federspannarbeit. Wird durch eine Kraft das Volumen eines eingeschlossenen Gases verringert, so wird an dem Gas Volumenänderungsarbeit oder Volumenarbeit verrichtet. Hinweise zu den einzelnen Arten der mechanischen Arbeit sind z. T. in den nachfolgenden Kapiteln unter den betreffenden Stichwörtern gegeben.

2.1 Mechanik fester Gegenstände/Körper

2.1.9 Energieerhaltungssatz

Der sogenannte Energieerhaltungssatz sagt aus, dass die Gesamtenergie in einem abgeschlossenen System konstant ist. Die Energie innerhalb des Systems kann in andere Energieformen umgewandelt werden, nicht aber aus dem Nichts entstehen oder verloren gehen. Um diese Aussage zu verstehen, müssen wir uns mit den Eigenschaften eines abgeschlossenen Systems befassen. Hiermit ist gemeint, dass es perfekt von der Umwelt isoliert ist, und dadurch weder Materie noch Energie, z. B. in Form von Wärmestrahlung (▶ Kapitel 2.4.4.3), abgibt. Außerdem wird bei der Betrachtung der Vorgänge innerhalb des Systems die Reibung vernachlässigt.

Wir wollen nun anhand des Beispiels des freien Falls den Energieerhaltungssatz darstellen. Wie wir schon im vorherigen Kapitel erläutert haben, hat ein Körper, der sich innerhalb eines Raumes (= abgeschlossenes System) auf einem in der Höhe h montierten Regal befindet, eine potentielle Energie, die sich als Produkt von Gewichtskraft F_G und h berechnet.

$$W_{pot} = F_G \cdot h = m \cdot g \cdot h.$$

Fällt der Körper nun von der Kiste, wird er von der Gewichtskraft F_G gleichmäßig beschleunigt, d. h. er fällt immer schneller zu Boden. Er gewinnt dabei Bewegungsenergie, auch kinetische Energie genannt. Für die Geschwindigkeit v und den zurückgelegten Fallweg s gilt (▶ Kapitel 2.1.2.5):

$$v = g \cdot t \text{ und } s = \frac{1}{2} \cdot g \cdot t^2.$$

Ersetzt man nun die Beschleunigung in der zweiten Gleichung durch $g = \frac{v}{t}$ folgt:

$$s = \frac{1}{2} \cdot \frac{v}{t} \cdot t^2 = \frac{1}{2} \cdot v \cdot t.$$

Die Bewegungsenergie, die auf den Körper übertragen wird, errechnet sich aus dem Produkt von F_G und s.

$$W_{kin} = F_G \cdot s = m \cdot g \cdot s \text{ mit } s = \frac{1}{2} \cdot v \cdot t \text{ und } g = \frac{v}{t} \text{ folgt:}$$
$$W_{kin} = m \cdot \frac{v}{t} \cdot \frac{1}{2} \cdot v \cdot t = \frac{1}{2} \cdot m \cdot v^2.$$

Da er aber an Höhe verliert, wird seine potentielle Energie dabei gleichzeitig geringer. Die Gesamtenergie des abgeschlossenen Systems »Raum mit Körper auf Regal« auf Höhe h, der herunterfällt lautet dann zu jedem Zeitpunkt:

$$W_{ges} = W_{pot} + W_{kin} = konstant.$$

Betrachten wir nun zunächst den Zeitpunkt t_1, an dem der Körper auf dem Regal liegt, hier besitzt er lediglich W_{pot}. Die kinetische Energie ist offensichtlich null, da er ruht. Es gilt:

$$W_{ges1} = W_{pot1} + W_{kin1} = m \cdot g \cdot h + 0.$$

Am Ende des Falls zum Zeitpunkt t_2 – kurz vor dem Aufprall – ist seine ganze Höhenenergie in Bewegungsenergie umgewandelt worden. Seine Gesamtenergie ist jetzt also:

$$W_{ges2} = W_{pot2} + W_{kin2} = 0 + \frac{1}{2} \cdot m \cdot v^2.$$

Da im geschlossenen System die Gesamtenergie konstant ist, kann man die beiden Gesamtenergien gleichsetzen:

$$W_{ges1} = W_{ges2},$$

$$m \cdot g \cdot h = \frac{1}{2} \cdot m \cdot v^2.$$

Wenn man die Formel nach v auflöst, erhält man die Maximalgeschwindigkeit, mit der der Körper am Boden aufprallt.

$$v^2 = \frac{mgh}{\frac{1}{2}m} = 2gh,$$

$$v = \sqrt{2gh}.$$

Beim Aufprall wird die gesamte kinetische Energie wiederum in Verformungsenergie umgewandelt.

2.1.10 Leistung

Umgangssprachlich spricht man von guter Arbeit oder guter Leistung, wenn z. B. etwas schnell oder gut gemacht wurde. D. h. Arbeit und Leistung werden im Alltag synonym angewandt. In der Physik bzw. Technik sind Arbeit und Leistung dagegen unterschiedliche Größen. So kann die gleiche Arbeit in unterschiedlichen Zeitdauern erledigt werden, was wiederum zu verschiedenen Ergebnissen in Bezug auf die Leistung führt. Leistung ist die innerhalb einer Zeiteinheit auf einen Körper übertragene Arbeit. Um den Unterschied zwischen Arbeit und Leistung zu verdeutlichen, stellen wir uns eine bestimmte Arbeit vor, wie z. B. das Verladen von 40 B-Schläuchen auf einen Mehrzweck-Lkw. Die Höhe h der Ladefläche liegt fest, ebenso die

2.1 Mechanik fester Gegenstände/Körper

Gewichtskraft der Schläuche F_G. Wir lassen die Arbeit von verschiedenen Personen ausführen und stellen fest: Eine Feuerwehreinsatzkraft benötigt zum Beladen des Lkw 5 Minuten, eine andere Feuerwehreinsatzkraft schafft es in 3 Minuten. Da die beiden Feuerwehreinsatzkräfte die gleiche Arbeit verrichtet haben, kann sich nur die Leistung unterscheiden. Es leuchtet unmittelbar ein, dass der die größere Leistung erbracht hat, der die kürzere Zeit benötigte. Wohingegen der andere bei gleicher Arbeit nur eine geringere Leistung erbracht hat. Die Leistung ist also der Zeit umgekehrt proportional, d. h. die Zeit muss im Nenner der Formel für die Leistung stehen. Somit lautet die Formel für die mechanische Leistung:

$$P = \frac{W}{t} = F \cdot \frac{s}{t}.$$

Wenn man dann noch berücksichtigt, dass $\frac{s}{t} = v$ ist, gilt:

$$P = F \cdot v.$$

Die Leistung ist das Produkt aus Kraft und Geschwindigkeit.

$$[P] = \frac{Nm}{s} = \frac{J}{s} = 1\,Watt.$$

Die Maßeinheit der Leistung ist Watt (W). Der Name geht auf den schottischen Ingenieur und Erfinder James Watt (1736–1819) zurück (Wikipedia, 2023[1]).

> **Beispiel:**
>
> Nach einer großen Einsatzübung wurden die eingesetzten Schläuche an zwei Stellen gesammelt. An der ersten Sammelstelle befinden sich 42 B-Schläuche, an der zweiten 36. Sie werden mit zwei Mehrzweck-Lkw abgeholt. Die Höhe der Ladefläche h_1 des ersten Lkw beträgt 1,30 m. Er fährt zu der Sammelstelle 1 mit 42 B-Schläuchen. Die Ladehöhe h_2 des zweiten Lkw beträgt 1,20 m.
> Während der eine Trupp die 42 B-Schläuche in 5 Minuten ($=\Delta t_1$) verladen hat, braucht der andere Trupp für die 36 B-Schläuche 3 Minuten ($=\Delta t_2$). Es wird von einer Masse von 20 kg pro Schlauch ausgegangen. Welche Arbeit wurde an den beiden Sammelstellen jeweils erbracht? Wo war die Leistung größer?
> Schauen wir uns die verrichtete Arbeit an, so haben die beiden Feuerwehreinsatzkräfte der Sammelstelle 1 folgende Arbeit verrichtet:
>
> $$W_1 = F_1 \cdot h_1 = 42 \cdot 20\,kg \cdot 9{,}81\,\frac{m}{s^2} \cdot 1{,}30\,m = 840 \cdot 9{,}81 \cdot 1{,}30\,\frac{kg\,m^2}{s^2}$$
> $$= 10\,712{,}52\,Nm \approx 10{,}7\,kJ.$$
>
> An der Sammelstelle 2 wird folgende Arbeit geleistet:
>
> $$W_2 = F_2 \cdot h_2 = 36 \cdot 20\,kg \cdot 9{,}81\,\frac{m}{s^2} \cdot 1{,}20\,m = 720\,kg \cdot 9{,}81 \cdot 1{,}20\,\frac{kg\,m^2}{s^2}$$
> $$= 8\,475{,}84\,N \approx 8{,}48\,kJ.$$

> Wie zu erwarten wurde an der Sammelstelle 1 die größere Arbeit verrichtet. Wenn man aber die Leistungsbilanz der beiden Sammelstellen vergleicht, so gilt:
>
> $$P_1 = \frac{W_1}{\Delta t_1} = \frac{10\,712{,}52\,Nm}{5 \cdot 60\,s} = 35{,}7084\,\frac{Nm}{s} = 35{,}7084\,W \approx 35{,}7\,W.$$
>
> $$P_2 = \frac{W_2}{\Delta t_2} = \frac{8\,475{,}84\,Nm}{3 \cdot 60\,s} = 47{,}088\,\frac{Nm}{s} = 47{,}088\,W \approx 47{,}1\,W.$$
>
> **Lösung:** Man sieht also, dass zwar an der Sammelstelle 1 mehr B-Schläuche verladen wurden, d. h. $W_1 = 10{,}7\,kN$ und damit auch mehr Arbeit verrichtet wurde als an der Sammelstelle 2 mit $W_2 = 8{,}48\,kN$. Da aber hierfür auch sehr viel länger gebraucht wurde, ist die erbrachte Leistung geringer, d. h. $P_1 = 35{,}7\,W < P_2 = 47{,}1\,W$.

Nachfolgend wollen wir hier noch die Formeln für die Leistung eines Verbrennungsmotors und die hydraulische Leistung einer Pumpe vorstellen, ohne sie im Rahmen dieses Fachbuches herzuleiten. Die Leistung eines Verbrennungsmotors wird mit der nachfolgenden Formel berechnet:

$$P = \frac{\{M\} \cdot \{n\}}{9550}\,kW.$$

Den Zahlenwert einer physikalischen Größe kürzt man in einer Formel ab, indem man das Formelzeichen in geschweifte Klammern { } setzt (Wikipedia, 2023[2]). In diese Formel werden also nur die reinen Zahlenwerte eingesetzt. Dabei ist die Maßzahl des Drehmomentes M in Nm und der Wert der Drehzahl n in Umdrehungen pro Minute $\frac{U}{min}$ einzusetzen.

> **Beispiel:**
> Welche Leistung hat ein Verbrennungsmotor bei einem Drehmoment $300\,Nm$ bei $2\,000\,\frac{U}{min}$?
>
> $$P = \frac{300 \cdot 2\,000}{9550}\,kW = \frac{600\,000}{9550}\,kW = 62{,}82\,kW \approx 62{,}8\,kW.$$
>
> Ein Kilowatt entspricht $1{,}35962$ Pferdestärken (*PS*) (Wikipedia, 2021[26]). Hierbei handelt es sich um eine veraltete Maßeinheit für die Leistung, die vor 1978 insbesondere bei Kraftfahrzeugen eingesetzt wurde. Als Einheitenzeichen wird *PS* verwendet. Als grobe Formel kann man die kW-Zahl einfach mit 1,36 multiplizieren.
> Mit diesem Umrechnungsfaktor ergibt sich für die Leistung:
> $$P = 62{,}8\,kW \cdot 1{,}36 = 85{,}408\,PS \approx 85{,}4\,PS.$$
> **Lösung:** Der Verbrennungsmotor hat eine Leistung von $62{,}8\,kW$ oder $85{,}4\,PS$.

2.1 Mechanik fester Gegenstände/Körper

Für die hydraulische Leistung einer Pumpe P_h gilt die Formel

$$P_h = \frac{\{Q\} \cdot \{H\}}{6\,000}\,kW.$$

Auch hier werden wieder nur die reinen Zahlenwerte eingesetzt, d. h. für einen Förderstrom Q in *l/min* und eine Gesamtförderhöhe H in *m*. Wird anstelle der Förderhöhe H in *m* der Druck in *bar* eingesetzt, so darf nur durch 600 geteilt werden.

> **Beispiel:**
> Berechne die hydraulische Nennleistung einer PFPN 10-1000 in *kW*.
> $$P_h = \frac{\{Q\} \cdot \{H\}}{6\,000}\,kW = \frac{1\,000 \cdot 10}{600}\,kW = 16{,}666\,kW \approx 17\,kW.$$
> Lösung: Die hydraulische Nennleistung der PFPN 10-1000 beträgt $P_h = 17\,kW$.

2.1.11 Wirkungsgrad

Die Begriffe Arbeit, Energie und Leistung sind eng verbunden mit dem Begriff des Wirkungsgrades η. In der Technik werden für viele Aufgaben spezielle Konstruktionen eingesetzt. Diese sogenannten Maschinen werden zur Übertragung von Kraft und Energie so eingesetzt, dass bestimmte Arbeiten unter Einsparung von Arbeitskraft ausgeführt werden können. Allen diesen Vorrichtungen ist eines gemeinsam: Sie können nicht die gesamte zugeführte Energie/Arbeit in die neue, für den jeweiligen Zweck besser geeignete Energie-/Arbeitsform umwandeln.

D. h. die erzielte Arbeit ist um einen Bruchteil kleiner als die aufgewendete Arbeit. Sie arbeiten also mit Verlusten. Der Wirkungsgrad einer Maschine oder allgemeiner ausgedrückt eines Systems (hierzu zählen auch biologische Systeme) gibt an, welcher Anteil der zugeführten Energie in nutzbringende Energie umgewandelt wird. Der Wirkungsgrad ist damit ein Gradmesser, wie gut bzw. effizient ursprüngliche Energie in Arbeit oder in eine andere Energieform umgewandelt wird. Er ist dimensionslos und aufgrund der schon geschilderten Eigenschaften von Maschinen immer kleiner als 1; der Dezimalbruch kann auch als Prozentangabe gelesen werden. Da ein betrachteter Vorgang von Energieumwandlung innerhalb der gleichen Zeit abläuft, gilt dies auch für die Leistung. Die Differenz zwischen aufgewendeter Leistung und erzielter Leistung ist die sogenannte Verlustleistung der Maschine, die u. a. durch Reibung entsteht.

Anhand der Umwandlung von elektrischer Energie in Lichtenergie lässt sich gut der Wirkungsgrad erklären. Bei Leuchtmitteln, wie Glühlampen oder LED (engl.: light-emitting diode = Leuchtdiode) wird aus der zugeführten elektrischen Energie neben dem gewünschten Licht auch Wärme erzeugt. Der Wirkungsgrad von einer Glühlampe beträgt in der Regel 10–20 %. Bei den modernsten Leuchtmitteln, den LED, kann schon 50 % der elektrischen Energie in Lichtenergie umgewandelt werden. Beim Verbrennungsmotor können im Idealfall nur ca. 40 % der chemischen Energie des Kraftstoffes für die Fortbewegung umgesetzt werden. Die restlichen 60 % werden in Form von Wärme an die Umwelt abgegeben. Deshalb müssen Verbrennungsmotoren i. d. R. auch gekühlt werden. Das bisher Gesagte gilt auch für Lebewesen. Ein erheblicher Teil unserer mit der Nahrung zugeführten Energie wird in Form von Wärme an die Umgebung abgegeben und nicht weiter genutzt.

Der Wirkungsgrad kann aus dem Verhältnis von zugeführte Energie E_{zu} (auch E_{ein} genannt) zur nutzbaren Energie E_{nutz} (auch E_{aus}) berechnet werden. Dies gilt natürlich auch für die Arbeit als besondere Form der Energie und für die Leistung, die mit beiden zuvor genannten Größen über die Zeit verknüpft ist.

$$\eta = \frac{E_{nutz}}{E_{zu}} = \frac{W_{nutz}}{W_{zu}} = \frac{P_{nutz}}{P_{zu}}.$$

Die Verlustleistung P_{ver}, also die nicht nutzbare Leistung, berechnet sich als Differenz von

$$P_{ver} = P_{zu} - P_{nutz}.$$

Bei komplexen Anlagen errechnet sich der Gesamtwirkungsgrad als Produkt aus den Wirkungsgraden der einzelnen Energieumwandlungen:

$$\eta_{ges} = \eta_1 \cdot \eta_2 \cdot \eta_3 \cdot \ldots$$

Betrachten wir nochmals das Beispiel eines LED-Leuchtmittels mit einem Wirkungsgrad von 0,50 oder 50 %. Die elektrische Energie, die sie zum Leuchten bringt, wird in unserem Beispiel in einem Kohlekraftwerk mit einem Wirkungsgrad von 35 % hergestellt. Beim Stromtransport vom Kraftwerk bis zum Haushalt geht wiederum Energie verloren, so dass maximal 85 % dort ankommen. Der Gesamtwirkungsgrad berechnet sich dann folgendermaßen:

$$\eta_{ges} = 0{,}30 \cdot 0{,}35 \cdot 0{,}85 = 0{,}089\,25 \approx 0{,}089.$$

Je mehr sich der Wirkungsgrad dem Wert 1 nähert, umso besser, d. h. verlustloser, arbeitet die Maschine. Eine reale Maschine mit einem Wirkungsgrad von 1, also eine verlustlose Maschine, ein sogenanntes Perpetuum mobile (lat. = sich ständig Bewegendes) kann aus physikalischen Gründen nicht existieren. Unter einem Perpetuum mobile versteht man in der Realität nicht existierende Geräte, die ohne äußere Energiezufuhr immerzu in Bewegung bleiben und je nach Definition auch noch Arbeit verrichten (Wikipedia, 2021[27]).

2.2 Einfache Maschinen

Wie schon kurz angesprochen, verwendet man Maschinen, um die Faktoren bei der Verrichtung von Arbeit zu ändern. Maschinen dienen oft dazu, den Kraftaufwand zum Bewegen eines Körpers zu verringern. Da aber durch die Verwendung einer Maschine nichts an der aufzubringenden Arbeit gespart werden kann, gilt:

Merke:
Was an Kraft gewonnen wird, geht an Weg verloren und umgekehrt.

Von Energiespeichern abgesehen, verlaufen die Vorgänge bei Maschinen immer gleichzeitig, so dass Zeit und Leistung gleich (konstant) bleiben. Eine Energiespeicher-Maschine, mit der man Kraft und Zeit verändern kann, ist z. B. eine Feder. Mit großer Zeitdauer und kleiner Kraft (durch eine geeignete Übersetzung) wird die Feder gespannt. Die Energie wird während einer kleinen Zeitspanne und mit großer Kraft abgegeben. Bei dieser Maschine bleibt die Arbeit gleich, aber die Leistung erhöht sich zu Lasten der Zeitdauer.

2.2.1 Hebel

Einen um eine feste Achse drehbaren, starren Körper nennt man Hebel. Hierbei handelt es sich um die einfachste Maschine, mit der man die Faktoren Kraft und Weg ändern kann. Im Alltag begegnen uns Hebel in vielen Gegenständen, wie z. B. Schraub- oder Drehmomentschlüssel, Schere, Nussknacker oder Spielplatzwippe. Ein Hebel ist in der Physik und Technik ein mechanischer Kraftwandler, dabei gilt:
  Je länger der Hebel(-arm) ist, desto kleiner ist die Kraft, die aufgebracht werden muss.

In der Technik werden Hebel durch ihre drei Komponenten beschrieben:
- Lastarm: Hebelarm auf der Seite der zu bewegenden Last.
- Kraftarm: Hebelarm auf der Seite der bewegenden Kraft.
- Angel- oder Drehpunkt: Punkt, um den sich der Hebel drehen kann.

Unterschieden werden einseitige/einarmige (z. B. Schraubschlüssel) und zweiseitige/zweiarmige Hebel (z. B. Wippe), je nachdem ob die Kräfte nur auf einer Seite oder auf beiden Seiten des Drehpunktes angreifen. Weiter gibt es neben dem geraden Hebel auch noch den geknickten Hebel oder Winkelhebel. Die Zeit und die Leistung bleiben an den Hebelarmen gleich.

2.2.2 Drehmoment

Um die Wirkungsweise eines Hebels zu verstehen, müssen wir uns an dieser Stelle noch mit dem Drehmoment M befassen. In der Physik wird mit dem Drehmoment die Wirkung einer Kraft in Kombination mit einem Hebel beschrieben: $[M] = Nm$ (Newtonmeter).

Es gilt:

$$M = h \cdot F.$$

wobei der Hebelarm h als senkrechter Abstand zwischen der Wirkungslinie der Kraft und dem Drehpunkt bzw. der Drehachse definiert ist. Seine Länge lässt sich berechnen durch:

$$h = l \cdot \sin \alpha$$

mit dem Winkel α zwischen der Abstandlinie l von Kraft und Drehpunkt D und der Wirkungslinie der Kraft. Rein von den Dimensionen her betrachtet sind Arbeit und Drehmoment gleich, aber physikalisch/technisch handelt es sich um ganz verschiedene Größen.

2.2 Einfache Maschinen

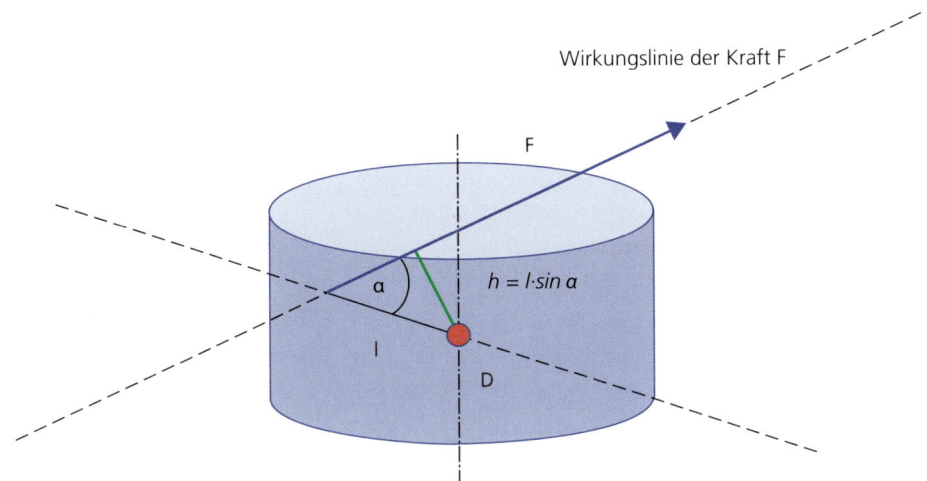

Bild 36: *Zusammenhang zwischen Kraft und Hebelarm beim Drehmoment*

Das Drehmoment ist proportional zum Hebelarm. Mit einem großen Hebelarm kann daher mit einer kleinen Kraft ein großes Drehmoment ausgeübt werden. Das Drehmoment kann rechtsdrehend (im Uhrzeigersinn) bzw. linksdrehend (gegen den Uhrzeigersinn) sein. Wichtig beim Rechnen mit Momenten ist daher die nachfolgende Vorzeichenregel.

Merke:
Bei Drehung gegen den Uhrzeigersinn hat das Moment ein positives Vorzeichen. Bei Drehung im Uhrzeigersinn erhält das Moment ein negatives Vorzeichen.

Ein Hebel befindet sich im Gleichgewicht, wenn die Summe aller an ihm anliegenden Drehmomente bezüglich des Drehpunkts gleich Null ist, d. h. die rechts- und linksdrehenden Momente heben sich in ihrer Wirkung auf. Die mathematische Beschreibung eines solchen Systems im Gleichgewicht wird als Hebelgesetz bezeichnet.
Im Gleichgewicht gilt:

$M_{ges} = F_2 \cdot h_2 - F_1 \cdot h_1 = 0 \quad | + F_1 \cdot h_1,$

$F_2 \cdot h_2 = F_1 \cdot h_1.$

Nachfolgend werden drei Fälle von Hebeln anhand von einfachen Beispielen erläutert:

2 Wichtige Naturgesetze, die jede Feuerwehreinsatzkraft kennen sollte

Fall 1: Hebebaum oder Brecheisen als Hebel

Beim Einsatz eines Hebebaums oder Brecheisens treten zwei entgegengesetzte Momente auf: Last F_1 am Hebelarm h_1 ergibt das rechtsdrehende Lastmoment $M_1 = F_1 \cdot h_1$. Dieses steht im Gleichgewicht mit dem linksdrehenden Kraftmoment der Kraft F_2 am Hebelarm h_2. Es gilt also:

$$F_2 \cdot h_2 = F_1 \cdot h_1.$$

Diese Gleichung kann man dann nach der gesuchten Größe auflösen.

> **Beispiel:**
> Welche Last kann man in der in ▶ Bild 37 dargestellten Anordnung mit der Brechstange anheben, wenn die nachfolgenden Werte angenommen werden: Körperkraft $F_2 = 1\,000\,N$, Lastarm $h_1 = 10\,cm$ und Kraftarm $h_2 = 2{,}0\,m$?
> $$F_1 = \frac{F_2 \cdot h_2}{h_1} = \frac{1\,000\,N \cdot 2{,}0\,m}{0{,}10\,m} = 20\,000\,N = 20\,kN.$$
> Lösung: Es kann eine Last $F_1 = 20\,kN$ angehoben werden.
> Anmerkung: Die errechnete Kraft entspricht nicht der gesamten Gewichtskraft des abgebildeten Quaders, da ein Teil seiner Gewichtskraft vom Boden aufgebracht wird.

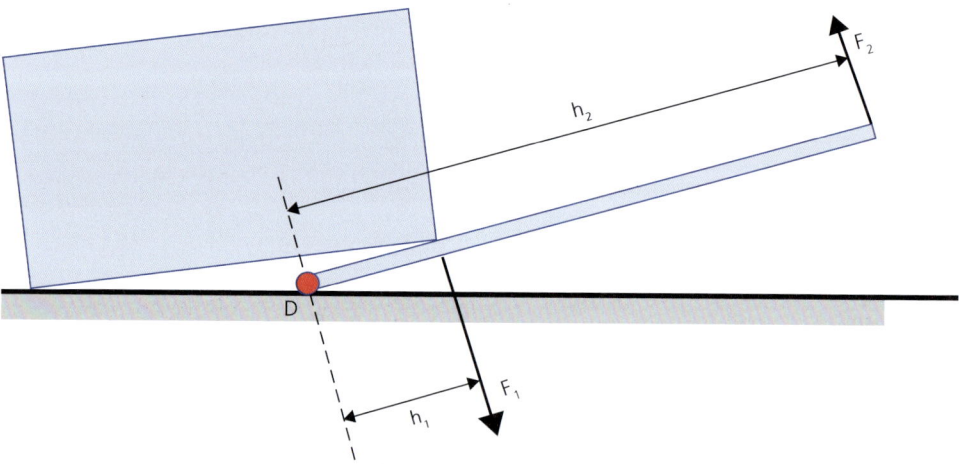

Bild 37: *Bei einem einarmigen Hebel, wie z. B. der Brechstange, treten zwei entgegengesetzte Momente auf.*

2.2 Einfache Maschinen

Durch die Verwendung der einfachen Maschine (Hilfsmittel) Hebebaum konnte die Körperkraft im oben genannten Beispiel verzwanzigfacht werden. Allerdings muss für die Verrichtung der Arbeit auch der zwanzigfache Weg zurückgelegt werden. Um die Last F_1 um 1 cm anzuheben, muss das Hebelende, an dem die Kraft F_2 angreift, um 20 cm angehoben werden.

Die geleistete Arbeit am Kraftarm ist abgesehen von den auch hier zu beobachtbaren Reibungsverlusten gleich der Arbeit am Lastarm. Bei realen Hebeln tritt im Drehpunkt Reibung auf, so dass ein Teil der Arbeit in Wärme umgewandelt wird. Aus diesem Grund verwendet man im Drehpunkt von Hebeln oftmals entsprechende Kugel- oder Wälzlager. Auch durch die Verformbarkeit von realen Materialien, d. h. der Hebel verbiegt sich, wird Energie verloren. Um Verluste durch Verbiegen oder gar Abknicken zu verhindern, werden für Hebel besonders steife Materialien verwendet (Wikipedia, 2021[28]).

Fall 2: Der zweiarmige Hebel am Beispiel einer Waage

Da die Hebelarme h_1 und h_2 gleich lang sind, müssen die Kräfte F_1 und die Last F_2 gleich groß sein, damit am Waagbalken ein Gleichgewicht herrscht.

$$F_1 \cdot h_1 = F_2 \cdot h_2.$$

Da $h_1 = h_2 = h$ kann man schreiben:

$$F_1 \cdot h = F_2 \cdot h \quad |:h,$$

$$F_1 = \frac{F_2 \cdot h}{h} = F_2.$$

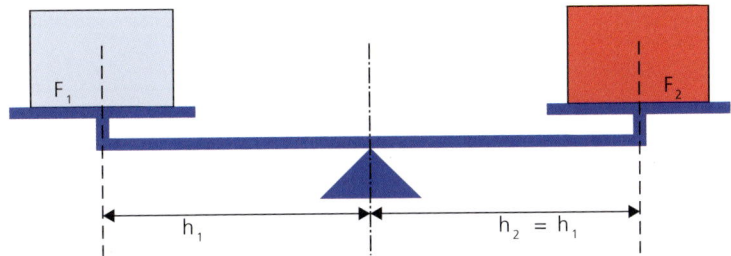

Bild 38: *Zweiarmiger Hebel am Beispiel einer Waage*

2 Wichtige Naturgesetze, die jede Feuerwehreinsatzkraft kennen sollte

> **Beispiel:**
>
> Wie verhalten sich an der in ▶ Bild 39 dargestellten Dezimalwaage die Hebelarme h_1 und h_2? Von der Dezimalwaage ist bekannt, dass die Last F_1 zehnmal so groß ist, wie das Gegengewicht F_2:
>
> $F_1 = 10 \cdot F_2$ oder $F_2 = \dfrac{F_1}{10}$.
>
> $F_1 \cdot h_1 = F_2 \cdot h_2 \quad |:h_2|:F_1,$
>
> $\dfrac{h_1}{h_2} = \dfrac{F_2}{F_1}.$
>
> mit $F_2 = \dfrac{F_1}{10}$ folgt:
>
> $\dfrac{h_1}{h_2} = \dfrac{F_1}{10} \cdot \dfrac{1}{F_1} = \dfrac{1}{10} \quad |\cdot h_2,$
>
> $h_1 = \dfrac{h_2}{10}.$
>
> Lösung: Die Hebelarme verhalten sich umgekehrt wie die Kräfte, d. h. der Lastarm h_1 ist um den Faktor 10 kleiner als der Hebelarm des Gegengewichts h_2.

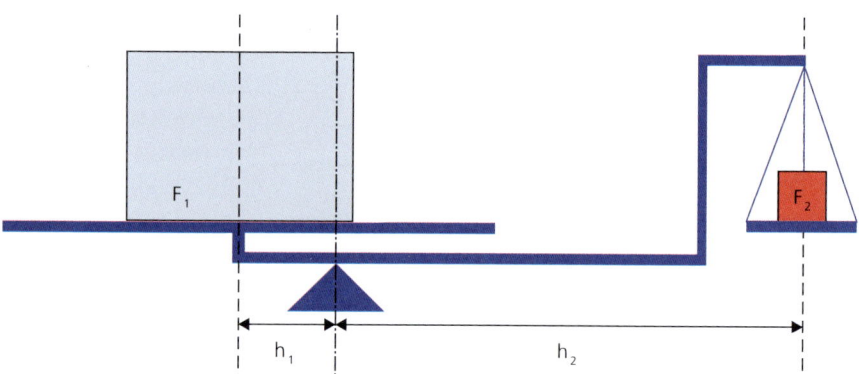

Bild 39: *Schematische Darstellung einer Dezimalwaage*

Fall 3: Der Winkelhebel

Auch am Winkelhebel gilt das Hebelgesetz. Hier ist besonders darauf zu achten, in welchem Winkel die Kraft am Winkelhebel angreift, d. h. es kommt auf die Richtung der Wirkungslinie der Kraft an. In ▶ Bild 40 greift die Kraft F_2 senkrecht zum Winkelhebel an, so dass als Hebelarm von F_2 die gesamte Länge h_2 angesetzt werden muss.

2.2 Einfache Maschinen

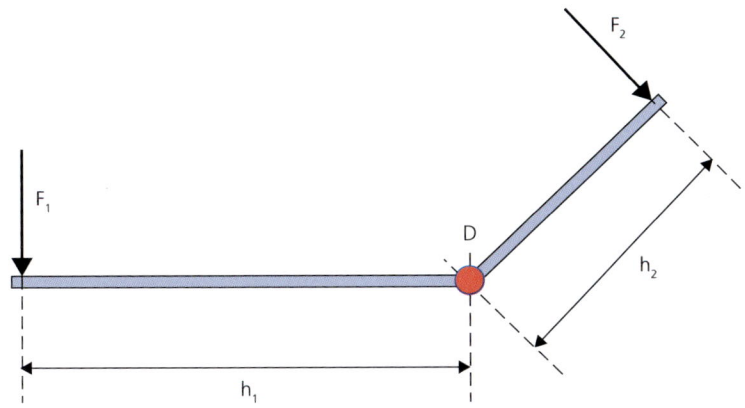

Bild 40: *Winkelhebel mit optimaler (senkrechter) Krafteinwirkung*

Anders stellt sich der Fall dar, wenn wie in ▶ Bild 41 die Richtung der Kraft nicht senkrecht zum Hebelarm, sondern in Richtung der Schwerkraft, d. h. senkrecht nach unten zeigt.

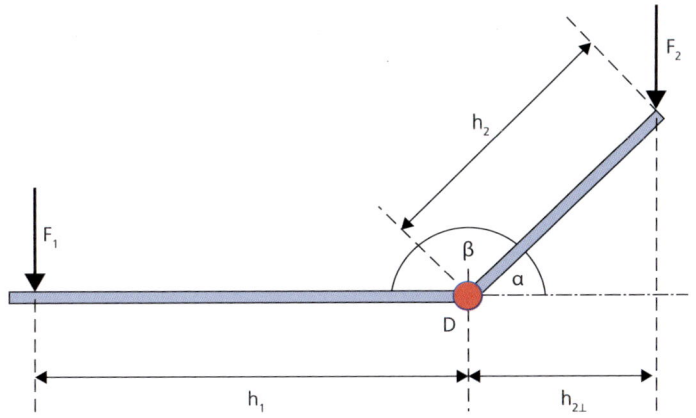

Bild 41: *Winkelhebel, wobei die Kraft von oben wirkt*

Der wirksame Hebel für die Kraft F_2 ist nicht h_2, sondern nur der senkrechte Abstand zur Kraft $h_{2\perp}$. Es gilt mit Hilfe des Cosinus: $h_{2\perp} = h_2 \cos \alpha$, wobei der Winkel α sich folgendermaßen berechnet $\alpha = 180° - \beta$ und β gleich dem Winkel ist, um den der Hebel gewinkelt ist.

2 Wichtige Naturgesetze, die jede Feuerwehreinsatzkraft kennen sollte

> **Beispiel:**
> Welche Kraft F_2 wird beim in ▶ Bild 42 dargestellten Bremshebel durch eine Pedalkraft $F_1 = 300\,N$ ins Bremsgestänge eingeleitet?
> $h_1 = 200\,mm$, $h_2 = 40\,mm$.
> Die Pedalkraft F_1 wirkt am Hebelarm h_1 und dadurch ergibt sich die Kraft F_2:
> $$F_2 = \frac{F_1 \cdot h_1}{h_2} = \frac{300\,N \cdot 200\,mm}{40\,mm} = 1\,500\,N = 1{,}5\,kN.$$

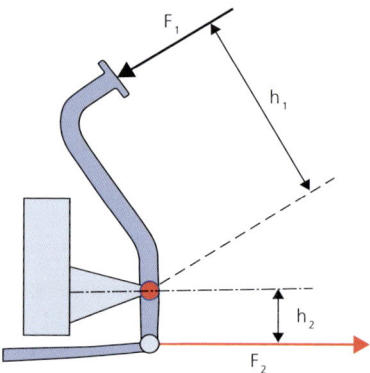

Bild 42: *Wirkung des Bremspedals auf das Bremsgestänge*

2.2.3 Zahnräder

Zahnräder sind ebenfalls Hebel, da sie aufgrund ihrer Zahnung ein Drehmoment auf ein anderes Zahnrad oder eine Zahnstange übertragen können. Oftmals werden auch Ketten zum Übertragen der Drehmomente eingesetzt. Als Getriebe bezeichnet man mehrere Zahnräder, die ineinander greifen. Je nach Kombination fungieren sie als einarmige, zweiarmige oder gewinkelte Hebel (Grotz, 2018).

Betrachtet man verschieden große Zahnräder, die sich an den Zahnflanken berühren, so wirken die Räder stets mit gleicher Kraft F, auch Zahndruck genannt, aufeinander. Da die Radien r_1 und r_2 der Zahnräder unterschiedlich groß sind, sind die wirkenden Drehmomente

$$M_1 = r_1 \cdot F \text{ und } M_2 = r_2 \cdot F$$

verschieden. Wenn man diese beiden Gleichungen nach F auflöst und gleichsetzt gilt:

2.2 Einfache Maschinen

$$F = \frac{M_1}{r_1} = \frac{M_2}{r_2}.$$

Daraus folgt das sogenannte Übersetzungsverhältnis *i*, d. h. das Verhältnis der wirkenden Drehmomente:

$$i = \frac{M_1}{M_2} = \frac{r_1}{r_2} = \frac{z_1}{z_2} = \frac{n_2}{n_1} = \frac{\omega_2}{\omega_1}.$$

Wobei *z* jeweils für die Zahl der Zähne, *n* für die Drehzahl und ω für die Winkelgeschwindigkeiten der beiden Zahnräder steht.

Die wirkenden Drehmomente der Zahnräder stehen somit im gleichen Größenverhältnis zueinander wie die Radien der verzahnten Räder. Die Zahnungen verhindern, dass es bei der Drehmomentübertragung zum Durchrutschen, dem sogenannten Schlupf, kommt. In der Folge legen die aneinander liegenden Oberflächen stets den gleichen Weg zurück. Daher dreht das kleine Zahnrad mit der Drehzahl n_2 auch schneller als das größere mit n_1. Wenn wiederum der Radius eines Zahnrades größer wird, muss auch die Anzahl der Zähne größer werden. Für das Verhältnis der Zähnezahlen der beiden Zahnräder gilt damit das gleiche wie für die Radien. Die Winkelgeschwindigkeiten (▶ Kapitel 2.1.2.7) sind dagegen umgekehrt proportional zu den Radien der Zahnräder, d. h. sie verhalten sich wie die Drehzahlen.

Wirken zwei Zahnräder direkt aufeinander ein, so kehrt sich die Drehrichtung um (▶ Bild 43). Wenn man ein drittes Zahnrad in beliebiger Größe dazwischen anordnet, wird die Umkehrung wieder aufgehoben.

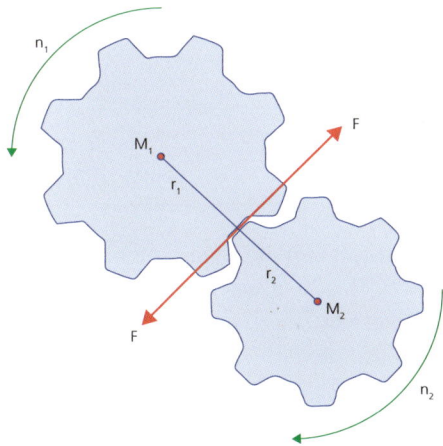

Bild 43: *Verhältnis der Drehmomente bei Zahnrädern (vgl. Grotz, 2018)*

> **Beispiel:**
> Bei einem Zahnradpaar hat das größere Rad folgende Daten:
> $r_1 = 252\,mm, z_1 = 84, n_1 = 200\,\frac{1}{min}, M_1 = 300\,Nm$.
> Das kleinere Rad hat einen Teilkreisradius $r_2 = 84{,}0\,mm$.
> Wie groß sind der Zahndruck $F_{zahndruck}$, die Zähnezahl z_2, die Übersetzung i, die Drehzahl n_2, das Drehmoment M_2?
>
> $F_{zahndruck} = \dfrac{M_1}{r_1} = \dfrac{300\,Nm}{0{,}252\,m} \approx 1{,}19\,kN.$
>
> $\dfrac{z_2}{z_1} = \dfrac{r_2}{r_1},$
>
> $z_2 = z_1 \cdot \dfrac{r_2}{r_1} = 84 \cdot \dfrac{84{,}0\,mm}{252\,mm} = 28.$
>
> $i = \dfrac{z_2}{z_1} = \dfrac{28}{84} = \dfrac{1}{3} \approx 0{,}33.$
>
> $i = \dfrac{n_1}{n_2},$
>
> $n_2 = \dfrac{n_1}{i} = \dfrac{200\,\frac{1}{min}}{\frac{1}{3}} = 200 \cdot 3\,\dfrac{1}{min} = 600\,\dfrac{1}{min}.$
>
> $i = \dfrac{M_1}{M_2},$
>
> $M_2 = i \cdot M_1 = \dfrac{1}{3} \cdot 300\,Nm = 100\,Nm$
>
> oder
>
> $M_2 = F_{zahndruck} \cdot r = 1\,190\,N \cdot 0{,}084\,0\,m \approx 100\,Nm.$
>
> **Lösung:** $F_{zahndruck} = 1{,}19\,kN$, $z_2 = 28$, $i = 0{,}33$, $n_2 = 600\,\dfrac{1}{min}$, $M_2 = 100\,Nm$.

2.2.4 Flaschenzug

Wenn man die Kraft zum Bewegen verringern oder umlenken will, kann man eine weitere einfache Maschine, den sogenannten Flaschenzug aus Rollen, einsetzen. Die Bestandteile eines Flaschenzuges sind sogenannte lose oder feste Rollen und ein Seil. Eine früher geläufige Bezeichnung für die Rollen war Scheiben. Beim Einsatz mehrerer Rollen werden diese mittels sogenannter Flaschen oder Scheren zu Blöcken zusammengefasst. Um die Funktionsweise eines Flaschenzuges zu verstehen, be-

2.2 Einfache Maschinen

fassen wir uns an dieser Stelle zunächst mit der Wirkungsweise der zwei schon genannten Rollenarten (Wikipedia, 2021[29]).

Feste Rolle

Eine feste Rolle wird so genannt, da sie befestigt ist und dadurch ihre Position während der Benutzung nicht ändern kann. Für eine feste Rolle gilt bei Vernachlässigung der Reibung, dass die Kräfte lediglich umgelenkt werden. Aus diesem Grund werden feste Rollen auch oftmals Umlenkrollen genannt. Wir haben bei einer festen Rolle also keine Kraftersparnis. Dennoch ist es oftmals einfacher oder konstruktionstechnisch notwendig, die Richtung der aufzubringenden Kraft entsprechend zu ändern.

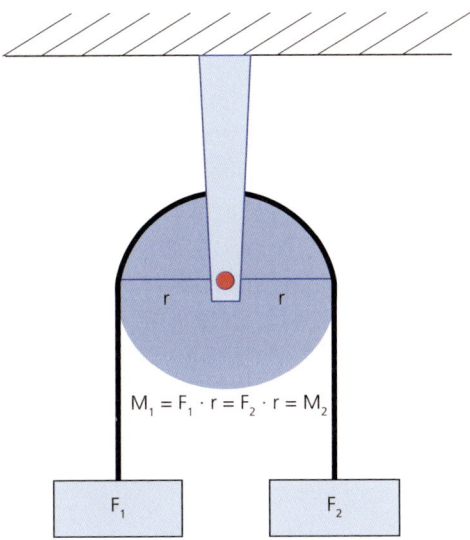

Bild 44: *Kräfteverhältnis bei fester Rolle (vgl. ZUM, 2012)*

Warum eine feste Rolle lediglich Kräfte umlenkt, wird anschaulich, wenn man sich verdeutlicht, dass die Rolle genau betrachtet ein zweiarmiger Hebel ist. Die Gewichtskraft F_1 der Last hat einen Hebelarm r (= Radius der Rolle) zum Drehpunkt, die Gegenkraft F_2 zum Halten der Last hat ebenfalls einen Hebelarm der Länge r zum Drehpunkt, der mit der Rollenmitte identisch ist. Die Gegenkraft zum Halten der Last muss damit genauso groß sein (Rudolph, 2017).

Lose Rolle

Lose Rollen haben keinen Festpunkt, sondern sind frei beweglich, da sie nur vom Seil getragen werden. Mit einer losen Rolle lässt sich beim Heben von Lasten Kraft einsparen. Dafür muss aber auch doppelt so viel Seil herangezogen werden, um einen Gegenstand mit der halben Kraft anzuheben. Arbeit kann dabei wie bei allen Maschinen nicht eingespart werden. Dies würde auch dem in der Physik immer geltenden Energieerhaltungssatz widersprechen. Bei genauer Betrachtung wird klar, dass beim Anheben einer Last auch die lose Rolle mit angehoben wird, und unter Berücksichtigung der Reibungskräfte wird sogar mehr Arbeit verrichtet (ZUM, 2012). Warum mit einer losen Rolle Kraft eingespart werden kann, ist mit Hilfe des einarmigen Hebels darstellbar. Die Gewichtskraft der Last F_1 versucht die Rolle am Hebelarm r (Radius der Rolle) um den Drehpunkt D nach unten zu drehen. Die Zugkraft F_2 dreht dagegen die Rolle am Hebelarm $2 \cdot r = d$ (Durchmesser der Rolle) um den Drehpunkt D. Da der Hebelarm der Kraft F_2 doppelt so groß ist wie der der Gewichtskraft F_1, braucht die Kraft F_2 nur halb so groß zu sein wie die Kraft F_1:

$$F_1 \cdot r = F_2 \cdot 2 \cdot r \quad |:2 \cdot r,$$
$$F_2 = \frac{F_1}{2}.$$

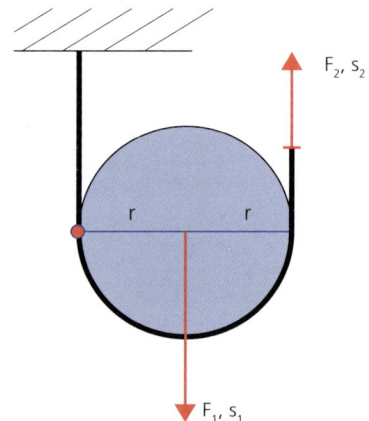

Bild 45: *Kräfteverhältnis bei loser Rolle*

Diese gewollte Reduzierung der aufzuwendenden Kraft muss durch einen längeren Seilweg kompensiert werden. Aufgrund der Energieerhaltung gilt für die zu verrichtende Arbeit:

2.2 Einfache Maschinen

$F_1 \cdot s_1 = F_2 \cdot s_2.$

Löst man die Gleichung nach s_2 auf:

$s_2 = \dfrac{F_1 \cdot s_1}{F_2}$ mit $F_1 = 2 \cdot F_2$,

$s_2 = \dfrac{2 \cdot F_2 \cdot s_1}{F_2}$ | kürzen durch F_2

$s_2 = 2 \cdot s_1.$

Der Weg s_2 der Zugkraft F_2 ist also zweimal so groß wie der Weg s_1 der Last F_1.

Der einfachste Flaschenzug besteht aus einer losen Rolle sowie einem Seil. Damit die gesamte Kraft für das Anheben aufgewandt wird und nicht zur Streckung oder Dehnung des Seils führt, sind sogenannte Statikseile bzw. bei extremer Belastung Stahlseile zu verwenden. Besteht ein Flaschenzug aus einer losen Rolle und einer festen Rolle, so gilt die schon oben hergeleitete Formel für die aufzubringende Zugkraft F_2. Hier hat man 2 tragende Seile. Bei einem Flaschenzug mit zwei Flaschen und n tragenden Seilen gilt dann analog:

$F_2 = \dfrac{F_1}{n},$

$s_2 = n \cdot s_1.$

Bei Verwendung mehrerer loser Rollen in beliebiger Anordnung kann man sich leicht einen Überblick verschaffen, indem man einen Schnitt durch die Seile legt und so die Anzahl der tragenden Seile ermittelt.

Die Rollen der oberen Flasche in ▶ Bild 46 sind feste Rollen, die Rollen der unteren Flasche sind lose Rollen. Die Zugkraft oder auch Seilkraft ist überall F_2. Legt man einen Schnitt zwischen die Flaschen, so hängt die Gewichtskraft der Last F_1 an sechs Seilen, d. h.

$F_2 = \dfrac{F_1}{6}.$

2 Wichtige Naturgesetze, die jede Feuerwehreinsatzkraft kennen sollte

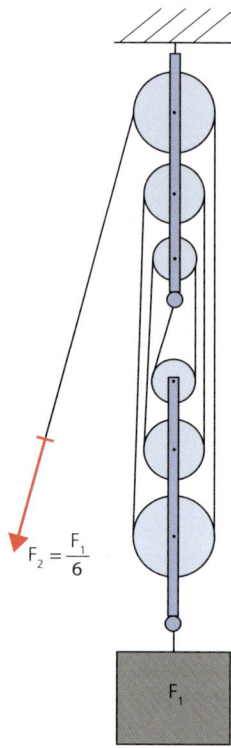

Bild 46: *Flaschenzug mit 6 tragenden Seilen*

Die genannten Formeln gelten nur – wie bereits erwähnt – sofern man die Reibung an den Rollen und deren Massen vernachlässigt und auch keine Seildehnungen annimmt. Um die Reibung möglichst gering zu halten, werden i. d. R. kugelgelagerte Rollen eingesetzt. Bergsteiger benutzen bei Notfallsituationen (Spaltenbergung) z. T. auch Karabiner anstelle von Rollen, um eine Selbstrettung durchzuführen, wobei die vorhandene Reibung die Zugarbeit erschwert (Bolesch/Schrag, 2000).

2.3 Mechanik von Flüssigkeiten

Von besonderem Interesse für jede Feuerwehreinsatzkraft sind die rechnerischen Zusammenhänge, wenn Flüssigkeiten, vornehmlich Wasser, angesaugt, in Pumpen auf höhere Energie gebracht werden, durch Leitungen strömen und schließlich im

2.3 Mechanik von Flüssigkeiten

freien Auslauf oder durch Strahlrohre abgegeben werden. Ein weiteres Gebiet der Feuerwehrtechnik, für das die Mechanik von Flüssigkeiten von Interesse ist, stellen die hydraulischen Rettungsgeräte wie Spreizer und Schere dar. Die dabei relevanten physikalischen Begriffe und Gesetzmäßigkeiten sollen im Folgenden erläutert werden. Im Rahmen dieses Fachbuches werden nur sogenannte ideale Flüssigkeiten betrachtet werden, d. h. sie sind nicht komprimierbar und fließen ohne Reibung. Diese Vereinfachung ist zulässig, um die grundlegenden Zusammenhänge herzuleiten und zu verstehen.

2.3.1 Druckverhältnisse in Flüssigkeiten

In einer bestimmten Eintauchtiefe einer ruhenden Flüssigkeit herrscht der Schweredruck (= hydrostatischer Druck) der darüber lastenden Gewichtskraft der Flüssigkeitssäule. Der Druck, der in alle Richtungen gleich wirkt, ist nur von der Eintauchtiefe und von der Dichte der Flüssigkeit abhängig. Die Form des Behälters oder die darin enthaltene Flüssigkeitsmenge haben keinen Einfluss auf den Schweredruck der Flüssigkeitssäule. Da dies nicht unseren Alltagserfahrungen entspricht, wird dieses Phänomen auch hydrostatisches Paradoxon genannt. Der Druck am Boden der drei Gefäße in ▶ Bild 47 ist also gleich groß. Da in dieser Darstellung auch die Grundflächen A_1, A_2 und A_3 gleich groß sind, gilt dies auch für die auf den Boden der Gefäße wirkenden Kräfte, d. h. $F_1 = F_2 = F_3$.

Um die Formel für den hydrostatischen Druck herzuleiten, betrachten wir das mittlere Gefäß in ▶ Bild 47 noch einmal genauer. Es handelt sich um einen mit Flüssigkeit gefüllten Zylinder mit dem Volumen V_{zyl} und der Höhe h. Um die Gewichtskraft F_{Gzyl} zu berechnen, die auf die Grundfläche A_2 wirkt, muss das Zylindervolumen mit der Dichte ρ der Flüssigkeit multipliziert werden. Wenn man diese wiederum durch die Fläche A_2 dividiert, erhält man den Schweredruck p_h in Abhängigkeit der Flüssigkeitssäule.

$$F_{Gzyl} = V_{zyl} \cdot \rho \cdot g = A_2 \cdot h \cdot \rho \cdot g \quad |:A_2,$$
$$p_h = \frac{F_{Gzyl}}{A_2} = h \cdot \rho \cdot g.$$

Wenn man die Einheiten in die Formel für den Schweredruck p_h einsetzt, ergibt sich erwartungsgemäß die Einheit für den Druck Pa.

2 Wichtige Naturgesetze, die jede Feuerwehreinsatzkraft kennen sollte

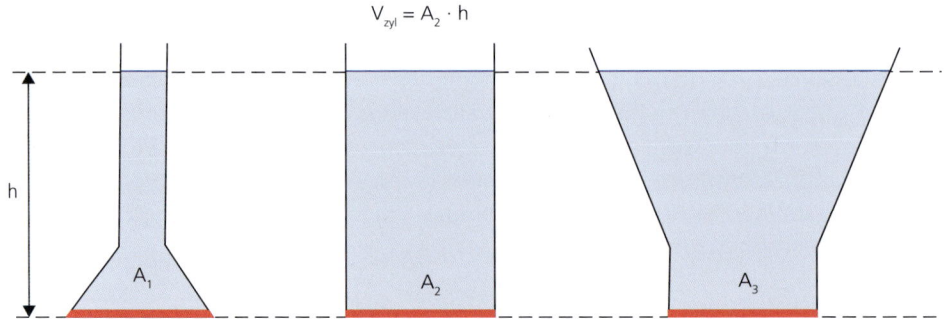

Bild 47: *Hydrostatischer Druck in unterschiedlichen Gefäßen (vgl. Wikipedia, 2022³)*

$$[p] = m \cdot \frac{kg}{m^3} \cdot \frac{m}{s^2} = \frac{kg \cdot \frac{m}{s^2}}{m^2} = \frac{N}{m^2} = Pa.$$

Wirkt auf die Flüssigkeit noch der externe atmosphärische Druck p_{atm} (= Druck auf der Flüssigkeitsoberfläche), so addiert sich dieser in jeder Tiefe zum statischen Druck der Flüssigkeitssäule p_h hinzu. (taucherpedia, Hydrostatischer Druck, 2019)

Es gilt:

$$p_{hatm} = p_{atm} + \rho \cdot g \cdot h.$$

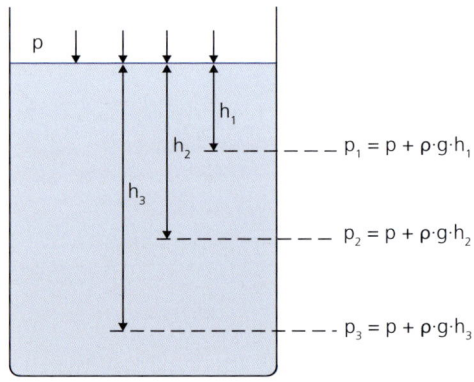

Bild 48: *Hydrostatischer Druck in einer Tiefe h entspricht dem Druck auf Flüssigkeitsoberfläche p plus dem Druck der Flüssigkeitssäule $p = \rho \cdot g \cdot h$*

2.3 Mechanik von Flüssigkeiten

Zur Umrechnung von Druck in eine Druckhöhe muss man die Formel zur Berechnung des Schweredrucks entsprechend umstellen:

$$h = \frac{p_h}{\rho \cdot g}.$$

Wenn man in die nachfolgende einheitenspezifische Formel die Zahlenwerte des Drucks in *bar* und der Dichte in $\frac{g}{cm^3}$ einsetzt, erhält man die zugehörige Höhe in *m*.

$$h = \frac{100 \cdot \{p\}}{9{,}81 \cdot \{\rho\}} m.$$

Setzt man den Zahlenwert für Wasser ($\rho = 1 \frac{g}{cm^3}$) ein, so entspricht ein Druck von 1 *bar* einer Druckhöhe

$$h = \frac{100 \cdot 1}{9{,}81 \cdot 1} m \approx 10{,}2\,m.$$

Aus der Formel kann man auch ablesen, dass sich der Druck etwa alle 10 *m* Wassertiefe um 1 *bar* erhöht. Wenn mit einer Pumpe eine andere Flüssigkeit als Wasser gefördert wird, muss der Zahlenwert der Dichte des Fördermediums eingesetzt werden.

2.3.2 Auftriebskraft (Auftrieb)

Jeder in ein Medium eintauchende Körper erfährt eine Kraft $F_{Vkörper}$, deren Betrag der Gewichtskraft des durch das Körpervolumen $V_{körper}$ verdrängten Mediums entspricht. Sie wirkt entgegen der Gewichtskraft F_G. Man kann es so interpretieren, dass der Körper durch diese Kraft $F_{Vkörper}$ an Gewichtskraft verliert. Die resultierende Kraft aus den beiden Teilkräften nennt man Auftriebskraft $F_{auftrieb}$. Es gilt:

$$F_{auftrieb} = \left(V_{körper} \cdot \rho_{wasser} - m_{körper} \right) \cdot g$$
$$= F_{Vkörper} - F_G.$$

Ist die Kraft $F_{Vkörper}$ größer als die Gewichtskraft des Körpers, so schwimmt dieser auf dem Medium. D. h. er taucht nur soweit in das Medium ein, dass die Kraft $F_{Vkörper}$ des eingetauchten Bruchteils seines Volumens der Gewichtskraft des Körpers entspricht.

Wenn die Kraft $F_{Vkörper}$ des Körpers gleich groß wie die Gewichtskraft des Körpers ist, so schwebt der Körper im Medium. Ist die Kraft $F_{Vkörper}$ geringer als die Gewichtskraft passiert das Gegenteil, der Körper sinkt. Die Auftriebskraft ist negativ.

2 Wichtige Naturgesetze, die jede Feuerwehreinsatzkraft kennen sollte

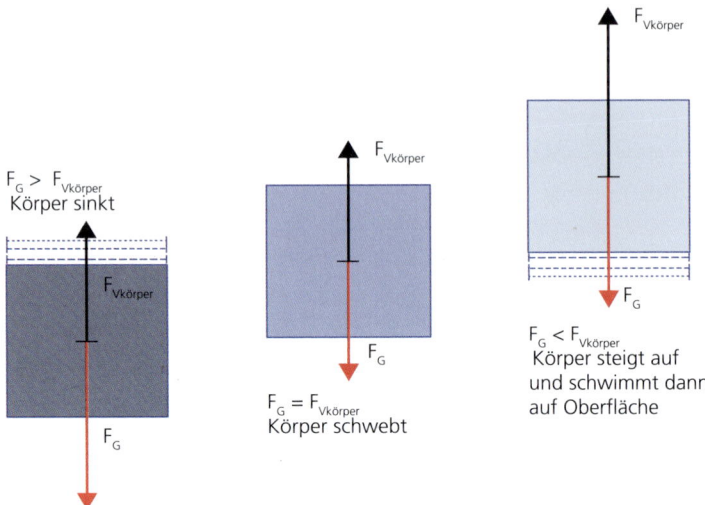

Bild 49: *Wirkung der Auftriebskraft (vgl. Physik Libre, 2016)*

Beispiel:

Ein Rettungsball hat einen Durchmesser $d = 28\,cm$ und wiegt $m = 1{,}0\,kg$. Welchen Auftrieb erfährt er, wenn man ihn ganz ins Wasser taucht?

$$F_{auftrieb} = (V_{ball} \cdot \rho_{wasser} - m_{ball}) \cdot g$$

$$= \left(\frac{d^3 \pi}{6} \cdot \rho_{wasser} - m_{ball}\right) \cdot g$$

$$= \left(\frac{0{,}28^3\,m^3 \cdot 3{,}14}{6} \cdot 1\,000\,\frac{kg}{m^3} - 1\,kg\right) \cdot 9{,}81\,\frac{m}{s^2}$$

$$= (11{,}488 - 1) \cdot 9{,}81\,\frac{kg \cdot m}{s^2}$$

$$= 10{,}488 \cdot 9{,}81\,\frac{kg \cdot m}{s^2} = 102{,}88\,N \approx 1{,}0 \cdot 10^2\,N.$$

Lösung: Der Ball kann mit einer Kraft von $1{,}0 \cdot 10^2$ N, das entspricht ungefähr einer Masse von 10 kg, belastet werden, bis er vollständig eintaucht und im Wasser schwebt.

2.3.3 Strömung

Wenn eine Flüssigkeit kontinuierlich durch einen Schlauch oder eine Leitung (im Folgenden benutzen wir nur noch diesen Begriff) fließt, erhält man rein optisch den

2.3 Mechanik von Flüssigkeiten

Eindruck, als stände die Flüssigkeit in der Leitung. In Wirklichkeit bewegen sich die Flüssigkeitsmoleküle kontinuierlich durch die Leitung und man spricht von einer stationären Strömung. Variiert man die durch die Leitung fließende Wassermenge, z. B. beim Einsatz einer Handpumpe, so ändert sich die Fördermenge während eines Hubes, d. h. die Strömung ist also nicht stationär.

2.3.4 Kontinuitätsgleichung der stationären Strömung

Wenn nun von einer Pumpe eine Flüssigkeitsmenge der Masse m_1 in die Leitung gepumpt wird, muss diese auch am Ende der Leitung wieder als m_2 austreten. Zum einen hat die Leitung ein definiertes Volumen und kann sich nicht ausdehnen. Zum anderen wissen wir, dass Materie in einem geschlossenen System wie einer Leitung nicht einfach verschwindet, so dass in diesem Fall die Massenerhaltung, d. h. $m_1 = m_2$, gilt. In ▶ Bild 50 sieht man wie der Flüssigkeitszylinder m_1 (= m_2) durch die Leitung wandert.

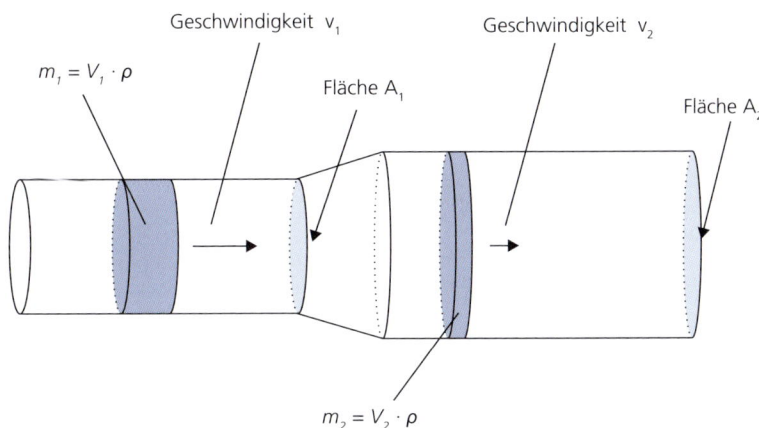

Bild 50: *Kontinuitätsgleichung-Verhältnis von Strömungsgeschwindigkeit v und Leitungsquerschnitt A (vgl. GeoGebra, o. A.)*

Wenn man die Massen über die Dichte der Flüssigkeit ausdrückt, ergibt sich:

$\rho \cdot V_1 = \rho \cdot V_2$.

Mit den Querschnittsflächen A_1 und A_2 bzw. den Längen der Flüssigkeitszylinder l_1 und l_2 gilt:

$\rho \cdot A_1 \cdot l_1 = \rho \cdot A_2 \cdot l_2.$

Betrachtet man nun einen Zeitraum Δt, in dem die Massen m_1 und m_2 durch die Leitung fließen, so kann man die Gleichung durch Δt dividieren:

$$\frac{m_1}{\Delta t} = \frac{m_2}{\Delta t} \text{ mit } m = \rho \cdot A \cdot l.$$

$\frac{\rho \cdot A_1 \cdot l_1}{\Delta t} = \frac{\rho \cdot A_2 \cdot l_2}{\Delta t}$ mit $\frac{l_1}{\Delta t} = v_{fließ1}$ Fließgeschwindigkeit am Querschnitt A_1 und $\frac{l_2}{\Delta t} = v_{fließ2}$ Fließgeschwindigkeit am Querschnitt A_2.

Teilt man die Gleichung durch ρ, erhält man die Kontiunuitätsgleichung der stationären Strömung:

$$A_1 \cdot v_{fließ1} = A_2 \cdot v_{fließ2} \text{ oder } \frac{v_{fließ1}}{v_{fließ2}} = \frac{A_2}{A_1}.$$

Ändert man den Querschnitt A_1, dann ändert sich zwangsläufig auch die Fließgeschwindigkeit $v_{fließ1}$ und zwar im umgekehrten Verhältnis. Wenn sich also der Querschnitt vergrößert, wird die Fließgeschwindigkeit geringer und umgekehrt. Dies kann man auch bei offenen Gewässern beobachten. So fließt ein Bach an engen Stellen schneller als an breiten Erweiterungen (Flurl, o. A.).

2.3.5 Förderstrom

Den Quotienten $\frac{m}{\Delta t}$ kann man auch als Massenstrom bezeichnen, da er angibt, welche Flüssigkeitsmasse im Zeitraum Δt durch die Leitung fließt.

$$\frac{m}{\Delta t} = \frac{\rho \cdot V}{\Delta t} = \frac{\rho \cdot l \cdot A}{\Delta t} \quad | : \rho,$$

da die Masse m über die Dichte ρ mit dem Volumen zusammenhängt, gilt:

$$\frac{m}{\rho \cdot \Delta t} = \frac{l \cdot A}{\Delta t} \text{ und } \frac{m}{\rho} = V.$$

$\frac{V}{\Delta t} = \frac{l}{\Delta t} \cdot A$ mit $\frac{l}{\Delta t} = v_{fließ}$ und $\frac{V}{\Delta t} = Q$ Förder(=Volumen)strom, gilt:

$$Q = v_{fließ} \cdot A.$$

Der Förderstrom Q ist gleich dem Produkt aus der Fließgeschwindigkeit (Strömungsgeschwindigkeit) $v_{fließ}$ und der Fläche des Leitungsquerschnitts A. Betrachtet man die Einheitengleichung erkennt man, dass es sich hier um einen Volumenstrom handelt.

$$[Q] = \frac{m}{s} \cdot m^2 = \frac{m^3}{s}.$$

2.3 Mechanik von Flüssigkeiten

Beispiel:
Für ein Großfeuer soll aus einem Bach Löschwasser entnommen werden. Unter einer Brücke fließt der Bach durch ein Betonrohr mit Innendurchmesser $d = 1,00\,m$ (▶ Bild 51). Der Wasserspiegel steht genau in der Mitte des Rohres. Auf die Wasserfläche wird ein Stück Holz geworfen. Es legt in $t = 12,0\,s$ eine Stecke von $s = 8,00\,m$ zurück. Berechne die Wasserlieferung des Baches in l/min.

Querschnittsfläche:
$$A = \frac{1}{2} \cdot \frac{d^2 \cdot \pi}{4} = \frac{1\,m \cdot 1\,m \cdot 3,14}{8} = \frac{3,14}{8}\,m^2.$$

Fließgeschwindigkeit:
$$v = \frac{s}{t} = \frac{8}{12}\,\frac{m}{s}.$$

Förderstrom:
$$Q = A \cdot v = \frac{3,14 \cdot 8}{8 \cdot 12}\,\frac{m^3}{s} = \frac{3,14}{12}\,\frac{m^3}{s}.$$

Umrechnung in l/min:
$$Q = \frac{3,14}{12}\,\frac{m^3}{s} \cdot \frac{1\,000\,l}{1\,m^3} \cdot \frac{60\,s}{1\,min} = \frac{3,14 \cdot 1\,000 \cdot 60}{12}\,\frac{m^3 \cdot l \cdot s}{s \cdot m^3 \cdot min}$$
$$= \frac{3,14 \cdot 1\,000 \cdot 60}{12}\,\frac{l}{min} = 3\,140 \cdot 5\,\frac{l}{min} = 15\,700\,\frac{l}{min} = 15,7 \cdot 10^3\,\frac{l}{min}.$$

Lösung: Der Förderstrom beträgt $15,7 \cdot 10^3\,\frac{l}{min}$.

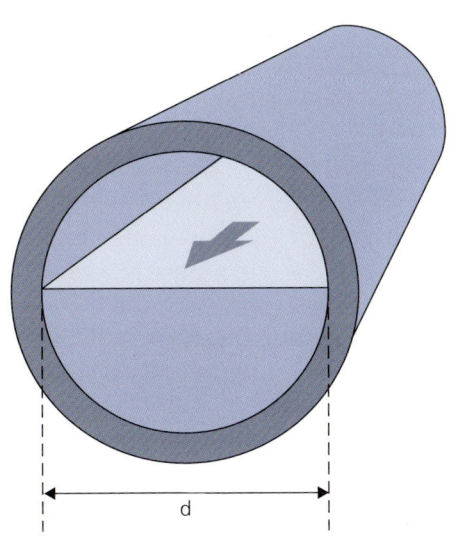

Bild 51: *Förderstrom innerhalb einer Betonröhre*

2.3.6 Fließgeschwindigkeit

Will man die Fließgeschwindigkeit (Strömungsgeschwindigkeit) $v_{fließ}$ aus dem Förderstrom $Q = v_{fließ} \cdot A$ ermitteln, so muss man die Formel nach $v_{fließ}$ umstellen: $v_{fließ} = \frac{Q}{A}$.

> **Beispiel:**
>
> Welche Fließgeschwindigkeit herrscht in einem B-Schlauch ($d = 75\,mm$), durch den $Q = 800\,l/min$ gefördert werden?
>
> $Q = 800 \frac{dm^3}{min} = \frac{800}{60} \frac{dm^3}{s} = \frac{80}{6} \frac{dm^3}{s}$.
>
> Anstelle von $75\,mm$ kann man $\frac{3}{4}\,dm$ schreiben, $A = \frac{d^2 \cdot \pi}{4}$.
>
> $A = \frac{3 \cdot 3 \cdot 3{,}14}{4 \cdot 4 \cdot 4}\,dm^2 = \frac{9 \cdot 3{,}14}{64}\,dm^2$.
>
> $v_{fließ} = \frac{Q}{A} = \frac{80 \cdot 64}{6 \cdot 9 \cdot 3{,}14} \frac{dm^3}{dm^2 \cdot s} = \frac{2560}{84{,}78} \frac{dm}{s} = 30{,}19 \frac{dm}{s} \approx 30 \frac{dm}{s} \approx 3{,}0 \frac{m}{s}$.
>
> Lösung: Die Strömungsgeschwindigkeit beträgt $3{,}0 \frac{m}{s}$.

2.3.7 Zusammenhang Strömungsgeschwindigkeit und Druck: Bernoulli-Gleichung

Beim Einsatz von Pumpen zum Transport des Löschmittels Wasser wird immer wieder deutlich, dass es für den gewünschten Löscherfolg wichtig ist, den Zusammenhang zwischen Druck und Strömungsgeschwindigkeit zu kennen. Um diesen zu verstehen, betrachten wir wiederum eine Leitung, in der die bereits erwähnte ideale Flüssigkeit strömt. Der Druck p_1 wirkt auf die Eintrittsquerschnittfläche A_1 und drückt das Zylindervolumen $V_1 = A_1 \cdot l_1$ durch die Leitungsröhre. Dafür muss an der Flüssigkeit die Arbeit $W_1 = F_1 \cdot l_1 = p_1 \cdot A_1 \cdot l_1$ aufgebracht werden.

Da wir eine ideale Flüssigkeit betrachten, werden alle Reibungsverluste vernachlässigt, d. h. neben den Massen und dem Volumen bleibt auch die Energie in dem Zylindervolumen beim Fließen durch die Leitungsröhre erhalten. Unter diesen Bedingungen muss an der Austrittsöffnung A_2 die gleiche Flüssigkeitsmenge $V_2 = V_1 = A_2 \cdot l_2$ die Leitung wieder verlassen. Die hier verrichtete Arbeit errechnet sich analog wie bei der Eintrittsöffnung mit der Formel $W_2 = -p_2 \cdot A_2 \cdot l_2$. Weil auf dieser Seite nicht Arbeit an der Flüssigkeitsmenge verrichtet wird, sondern die Flüssigkeit Arbeit gegen die benachbarte Flüssigkeitsmenge am Ende des Rohres verrichtet, ist das Vorzeichen dieser Arbeit negativ. Wenn man ▶ Bild 52 betrachtet,

2.3 Mechanik von Flüssigkeiten

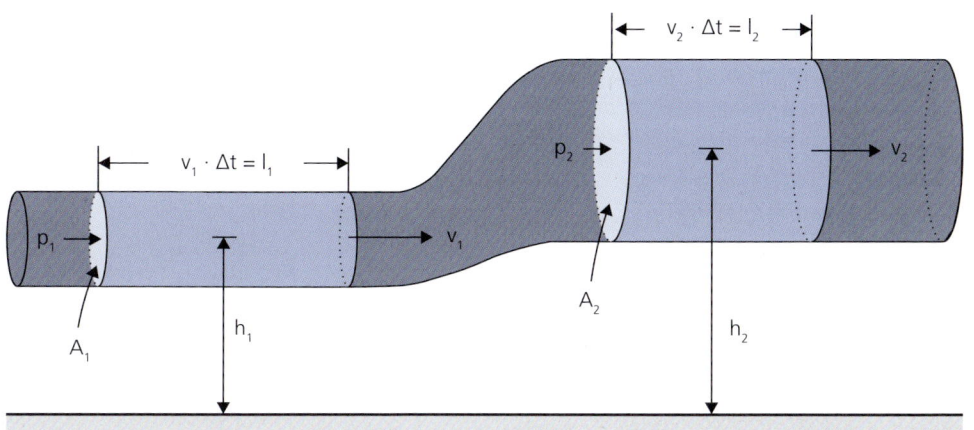

Bild 52: *Zusammenhang zwischen Strömungsgeschwindigkeit v und Druck p: Bernoulli-Gleichung (vgl. Wikibooks, 2019)*

wird deutlich, dass der Betrag W_2 nicht gleich der Betrag von W_1 sein kann. Da h_2 größer als h_1 ist, hat die Flüssigkeitsmenge m_2 potentielle Energie aufgenommen. Da es sich um ein geschlossenes System handelt und aufgrund der Energieerhaltung, muss sie auf der anderen Seite kinetische Energie verloren haben. Die Differenz der verrichteten Arbeit ΔW ist gleich der Änderung Gesamtenergie Energiedifferenz ΔE, die aus kinetischer und potentieller Energie besteht.

$$\Delta W = W_1 - W_2 = F_1 \cdot l_1 - F_2 \cdot l_2 = p_1 \cdot A_1 \cdot l_1 - p_2 \cdot A_2 \cdot l_2$$
$$= p_1 \cdot V_1 - p_2 \cdot V_2 = p_1 \cdot V - p_2 \cdot V$$

mit

$$V = V_1 = V_2.$$

$$\Delta E = E_2 - E_1 = E_{2pot} + E_{2kin} - (E_{1pot} + E_{1kin})$$
$$= m \cdot g \cdot h_2 + \frac{1}{2} \cdot m \cdot v_{fließ2}^2 - m \cdot g \cdot h_1 - \frac{1}{2} \cdot m \cdot v_{fließ1}^2.$$

Ausgehend von der Energiehaltung gilt: $\Delta W = \Delta E$.

$$p_1 \cdot V - p_2 \cdot V = m \cdot g \cdot h_2 + \frac{1}{2} \cdot m \cdot v_{fließ2}^2 - m \cdot g \cdot h_1 - \frac{1}{2} \cdot m \cdot v_{fließ1}^2 \quad |+p_2 \cdot V + m \cdot g \cdot h_1 + \frac{1}{2} \cdot \rho \cdot V \cdot v_{fließ1}^2,$$
$$p_1 \cdot V + m \cdot g \cdot h_1 + \frac{1}{2} \cdot m \cdot v_{fließ1}^2 = p_2 \cdot V + m \cdot g \cdot h_2 + \frac{1}{2} \cdot m \cdot v_{fließ2}^2 \quad \text{mit } m = \rho \cdot V,$$
$$p_1 \cdot V + \rho \cdot V \cdot g \cdot h_1 + \frac{1}{2} \cdot \rho \cdot V \cdot v_{fließ1}^2 = p_2 \cdot V + \rho \cdot V \cdot g \cdot h_2 + \frac{1}{2} \cdot \rho \cdot V \cdot v_{fließ2}^2.$$

Dividiert man die Gleichung durch V, erhält man die sogenannte Bernoulli-Gleichung:

$$p_1 + \rho \cdot g \cdot h_1 + \frac{1}{2} \cdot \rho \cdot v_{fließ1}^2 = p_2 + \rho \cdot g \cdot h_2 + \frac{1}{2} \cdot \rho \cdot v_{fließ2}^2.$$

Diese Gleichung gilt für beliebige Punkte innerhalb der Leitung, d. h. sie gilt an jeder Stelle und wir können daher die Indizes weglassen:

$$\rho \cdot g \cdot h + \frac{1}{2} \cdot \rho \cdot v_{fließ}^2 + p = konstant.$$

Diese Gleichung wird nach dem Schweizer Mathematiker und Physiker Daniel Bernoulli (1700–1782) benannt, der damit den Energieerhaltungssatz für Strömungen formuliert hat (Wikipedia, 2023[4]). Sie sagt aus – bevor das Volumen herausgekürzt wurde –, dass die Summe der potentiellen Energie, der kinetischen Energie und der Druckenergie (also der verrichteten Arbeit) entlang der Stromröhre erhalten bleibt.

Sofern eine Strömung nur horizontal verläuft, gibt es keine Änderung des Schweredruckes, d. h. der potentiellen Energie, und man kann die Gleichung verkürzt schreiben:

$$\frac{1}{2} \cdot \rho \cdot v_{fließ}^2 + p = konstant.$$

Es gilt also, dass die Summe von Staudruck und statischem Druck (= der senkrecht zur Fließrichtung gemessene Druck) innerhalb einer horizontalen Leitung konstant ist.

Mit dem Wissen der Bernoulli-Gleichung kann man nun die Wirkung von Pumpen, die auf dem Injektorprinzip beruhen, erklären. Eine Pumpe oder eine andere Energiequelle erteilt der in das Leitungssystem eintretenden Flüssigkeit einen bestimmten Energiebetrag. Diese Energie setzt sich bei der bewegten Flüssigkeit aus Druckenergie ($W = p \cdot V$) und Geschwindigkeitsenergie $\left(E = \frac{1}{2} \cdot m \cdot v^2\right)$ zusammen. Steigt nun an einer Stelle wegen einer Querschnittsverengung die Geschwindigkeit, so muss die Steigerung der Geschwindigkeitsenergie zu Lasten der Druckenergie gehen.

In einem Injektor wird die Geschwindigkeit des Mediums so gesteigert, dass die Druckenergie und damit der Druck nicht nur null, sondern sogar negativ wird, d. h. es entsteht ein Unterdruck, mit dem wiederum ein Medium angesaugt werden kann. Beispiele hierfür sind Schaumrohre, Zumischer oder Wasserstrahlpumpen. Umgekehrt sind die Verhältnisse in einem Diffusor. Der Querschnitt wird größer und damit steigt der Anteil der Druckenergie. In einem Diffusor steigt der Druck innerhalb der Flüssigkeit. Den Leitapparat einer Kreiselpumpe nennt man Druckstufe.

2.4 Wärmelehre (Thermodynamik)

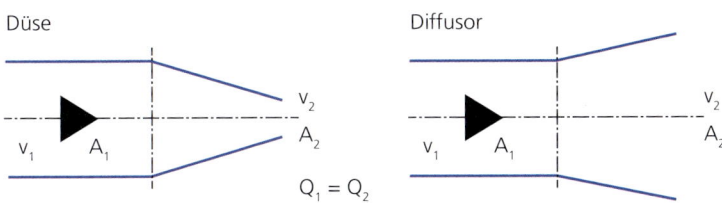

Bild 53: *Eine Verengung des Fließquerschnitts nennt man Düse, eine Erweiterung einen Diffusor.*

> **Beispiel:**
> Ein C-Strahlrohr liefert mit Mundstücksdurchmesser $d = 8{,}0\,mm$ bei $5{,}0\,bar$ etwa $Q = 100\,\frac{l}{min}$. Berechne den Geschwindigkeitsanstieg im Strahlrohr gegenüber der Fließgeschwindigkeit v_1 im angeschlossenen Druckschlauch C42.
>
> $$v_1 = \frac{Q}{A_1} = \frac{0{,}100\,m^3}{60\,s \cdot 0{,}021\,m \cdot 0{,}021\,m \cdot 3{,}14}$$
>
> $$= \frac{0{,}100}{0{,}083\,084\,4}\,\frac{m^3}{m^2 s} = 1{,}203\,5\,\frac{m}{s}.$$
>
> $$v_2 = \frac{v_1 \cdot A_1}{A_2} = \frac{v_1 \cdot r_1^{\,2}}{r_2^{\,2}} = 1{,}203\,5\,\frac{m}{s} \cdot \frac{441\,mm^2}{16\,mm^2} = 33{,}171\,4\,\frac{m}{s}.$$
>
> $$\Delta v = v_2 - v_1 = 33{,}171\,4\,\frac{m}{s} - 1{,}203\,5\,\frac{m}{s} = 31{,}967\,9\,\frac{m}{s} \approx 32\,\frac{m}{s}.$$
>
> Lösung: Der Geschwindigkeitsanstieg beträgt $32\,\frac{m}{s}$.
> Anmerkung: Das Ergebnis lässt sich in etwa ebenfalls nach der Formel aus Energieerhaltung $v = \sqrt{2gh}$ aus ▶ Kapitel 2.1.9 berechnen, wobei ein Druck von $5\,bar$ einer Druckhöhe von $50\,m$ entspricht.

2.4 Wärmelehre (Thermodynamik)

Wärme ist, wie schon in ▶ Kapitel 2.1.9 erwähnt, eine spezielle Form von Energie. Sie strömt von einem Körper auf einen anderen, sobald eine Temperaturdifferenz zwischen beiden besteht. In der Wärmelehre wird zwischen zwei Betrachtungsweisen unterschieden, der Thermodynamik und der statistischen Mechanik. Die Thermodynamik untersucht Beziehungen zwischen den einfach beobachtbaren Zustandsgrößen, wie z. B. Volumen, Druck, Temperatur oder Gesamtenergie zur Charakterisierung des Gesamtsystems. Hierauf kommen wir in ▶ Kapitel 2.5 zurück. Die statistische Mechanik befasst sich wiederum mit den inneren mikroskopischen

Vorgängen in Zusammenhang mit den oben genannten Zustandsgrößen (Wikipedia, 2021[30]).

Um das Verhalten von festen Stoffen, Flüssigkeiten und Gasen beschreiben zu können, geht man von einem relativ einfachen Teilchenmodell aus. Es beruht auf der Annahme, dass Stoffe aus vielen kleinen Teilchen bestehen, deren Eigenschaften, Zusammenwirken und ihre räumliche Anordnung zu den beobachtbaren Materialeigenschaften der Stoffe führen. Als unveränderliche Teilchen dieser Art wurden die Atome (altgriech. átomos = unteilbar) identifiziert. Sie sind die Bausteine, aus denen alle festen, flüssigen oder gasförmigen Stoffe bestehen. Auch das Verhalten der Stoffe in chemischen Reaktionen, wie z. B. die Bildung von Molekülen, werden durch die Eigenschaften und die räumliche Anordnung der Atome, aus denen sie aufgebaut sind, festgelegt (Wikipedia, 2021[31]). Atome sind die kleinsten Teilchen, die ein sogenanntes chemisches Element charakterisieren. Bislang sind 94 natürlich auf der Erde vorkommende Elemente, wie z. B. Sauerstoff oder Eisen, bekannt. 24 weitere konnten künstlich hergestellt werden (Wikipedia, 2021[32]).

2.4.1 Temperatur

Die kleinen Teilchen in einem Stoff (Atome oder Moleküle) sind in ständiger, ungeordneter Bewegung. Der Wärmezustand eines Körpers, auch innere Energie des Körpers genannt, wird durch eine bestimmte (mittlere) Geschwindigkeit und damit Bewegungsenergie dieser Teilchen charakterisiert. Die Temperatur eines Körpers ist ein Charakteristikum für die von ihm aufgenommene oder abgegebene Wärmemenge. Bei Verringerung der Temperatur bewegen sich mikroskopisch gesehen die Teilchen weniger stark und bei sehr tiefen Temperaturen ist nur noch wenig Bewegungsenergie vorhanden (LernHelfer, o. A.[1]).

Kühlt man einen gasförmigen oder flüssigen Stoff immer weiter ab, so wandelt er seinen Aggregatzustand (Erscheinungsform) und wird irgendwann fest. Dieses Verhalten ist uns allen am Bespiel des Wassers bekannt. Bei einer gewissen Temperatur, auch Siedepunkt genannt, ist es dampfförmig. Kühlt man es wieder ab, wird es zunächst wieder flüssig und dann fest, d. h. zu Eis.

Im täglichen Umgang begegnen wir in Mitteleuropa der Celsius-Temperatur-Skala. Die Temperaturen werden bei dieser in Grad Celsius °C angegeben. Benannt ist diese Temperaturskala nach dem schwedischen Astronom, Mathematiker und Physiker Anders Celsius (1701–1744) (Wikipedia, 2023[6]). Der Nullpunkt der Celsius-Temperaturskala liegt beim Schmelzpunkt von Wasser. Dem Siedepunkt von Wasser ist der Wert 100 °C zugeordnet. Genau genommen muss hierbei auch noch

2.4 Wärmelehre (Thermodynamik)

ein bestimmter Luftdruck von 1 013,25 *hPa* vorherrschen. Man spricht dann von Normaldruck (Wikipedia, 2023[7]). Die tiefst mögliche Temperatur ist diejenige, bei der sich die Teilchen nicht mehr bewegen. Diese Temperatur wird als absoluter Nullpunkt bezeichnet und ist zugleich Ausgangspunkt einer anderen Temperaturskala, der sogenannten Kelvin-Skala, die von dem englischen Naturforscher Lord Kelvin (1834–1907) entwickelt wurde (Wikipedia, 2023[8]). Die Einheit der Kelvin-Skala ist Kelvin K und das Formelzeichen für die absolute Temperatur T (Wikipedia, 2023[9]). Der absolute Nullpunkt beträgt $0\,K$ oder $-273{,}15\,°C$, je nachdem in welcher Temperaturskala er angegeben wird. Eine Temperatur in °C (Formelzeichen: t oder ϑ) lässt sich leicht in eine Temperatur in der Kelvin-Skala umrechnen, indem man 273,15 dazu addiert, d. h.

$$0\,°C = 273{,}15\,K \quad \text{oder} \quad 37\,°C = (37 + 273{,}15)\,K = 310{,}15\,K.$$

Zur Erklärung weiterer Stoffeigenschaften muss das bisher geschilderte einfache Teilchenmodell dadurch erweitert werden, dass die Teilchen bei starker Annäherung abstoßende und bei mittlerer Entfernung anziehende Kräfte aufeinander ausüben können.

Unter anderem lassen sich folgende Beobachtungen im Rahmen dieses erweiterten Teilchenmodells erklären:

- Die mechanische Festigkeit bzw. geringe Komprimierbarkeit von festen Körpern: Die Teilchen im kristallinen festen Körper werden gegenseitig auf Gitterplätzen fast unverrückbar festgehalten.
- Die leichte Verformbarkeit von Flüssigkeiten und Gasen: Die Teilchen in Flüssigkeiten sind nur vergleichsweise schwach, und in Gasen gar nicht fixiert. Übt man Druck auf ein Gas aus, das in einem geschlossenen Behälter ist, so wird das Volumen verringert. Es wird komprimiert. Das ist möglich, weil der große Abstand zwischen den Teilchen verringert wird. Durch besonders hohen Druck können die meisten Gase sogar verflüssigt werden. Flüssigkeiten sind hingegen inkompressibel, da die Teilchen bereits nahe beieinander sind.
- Die Aggregatzustände: Sie werden bestimmt durch die Anziehung der Teilchen zueinander im Zusammenspiel mit ihrer mehr oder weniger starken thermischen Bewegung.
- Die sogenannten Zustandsgleichungen der Gase, also der Zusammenhang zwischen Druck, Dichte und Temperatur: So wird z. B. der Druck in einem Gefäß dadurch erklärt, dass die in einem Volumen eingeschlossenen Teilchen aufgrund ihrer thermischen Bewegung gegen die Wände stoßen

und dadurch eine nach außen gerichtete und im Durchschnitt gleichbleibende Kraft erzeugen.
- Der Wärmetransport (▶ Kapitel 2.4.4), insbesondere die Wärmeleitung: Wird ein Festkörper an einer Stelle erhitzt, so geraten die dort befindlichen Teilchen in stärkere Bewegung. Diese höhere Bewegungsenergie geben sie durch Stöße an die benachbarten Teilchen weiter, wodurch sich die schnellere Bewegung allmählich im ganzen Gegenstand ausbreitet.

2.4.2 Wärmekapazität und Phasenübergänge

Wie schon erläutert, erhöht die Zufuhr von Wärme die Temperatur als äußeres Zeichen für die innere Energie des Körpers. Wenn sich nun aber bei der Wärmezufuhr der Aggregatzustand des Stoffes, aus dem der Körper besteht, ändert, also ein sogenannter Phasenübergang wie Schmelzen, Verdunsten oder Sublimieren (= direkter Übergang von fest zu gasförmig) stattfindet, so bleibt die Temperatur zunächst konstant. Für diesen Phasenübergang wird nämlich selbst ebenfalls Energie benötigt, die dann nicht zur Erhöhung der Temperatur des Gegenstandes zur Verfügung steht (Grotz, 2018).

Welche Wärmemenge Q für eine bestimmte Erwärmung (Temperaturerhöhung) notwendig ist, hängt vom Material des Körpers und seiner Menge (= Masse) ab. So dauert es länger, 10 l Wasser auf 100 °C zu erhitzen, anstatt nur 1 l.

Die Menge an Wärme, die man einem Körper der Masse m zuführen muss, um ihn um $\Delta T = 1\ K$ zu erwärmen, wird als Wärmekapazität C des Körpers bezeichnet. Es gilt:

$$C = \frac{\Delta Q}{\Delta T} \text{ bzw. } \Delta Q = C \cdot \Delta T \text{ mit } [C] = \frac{J}{K}.$$

Spezifische Wärmekapazität

Die Wärmekapazität verschiedener Materialien wird meistens auf die Masse 1 kg des jeweiligen Stoffes und damit unabhängig von einem konkreten Körper angegeben. Die sogenannte spezifische Wärmekapazität c berechnet sich dann:

$$c = \frac{\Delta Q}{m \cdot \Delta T} \text{ mit } [c] = \frac{J}{kg \cdot K}.$$

Um die Masse von 1 kg Wasser um 1 K (1 °C) zu erwärmen, benötigt man 4,18 kJ. Die spezifische Wärmekapazität von Eisen beträgt dagegen nur 0,453 kJ. Wasser hat im Vergleich zu den meisten Stoffen eine große spezifische Wärmekapazität (Grotz, 2018). Dies ist auch der Grund, warum Wasser ein so gutes Löschmittel ist. Bezogen auf seine Masse kann es sehr viel Wärmeenergie aufnehmen und diese so dem Schadenfeuer entziehen.

> **Beispiel:**
> Welche Wärmemenge Q wird dem Tank eines LF 20/16 (Tankinhalt: $V = 1\,600\,l$) zugeführt, wenn die Tankheizung sich bei 2,0 °C einschaltet und das Wasser auf 7,0 °C aufheizt?
> $c_{Wasser} = 4{,}18\,\dfrac{kJ}{kg\,K}$ und $m = \rho \cdot V = 1\,\dfrac{kg}{l} \cdot 1\,600\,l = 1\,600\,kg$.
> $\Delta T = 7{,}0\,°C - 2{,}0\,°C = 5{,}0\,°C = 5{,}0\,K$.
> Bei Differenzen kann man sowohl in °C als auch in K rechnen, d. h. $\Delta t = \Delta T$.
> $Q = 4{,}18\,\dfrac{kJ}{kg\,K} \cdot 1\,600\,kg \cdot 5\,K = 33\,440\,kJ \approx 33\,MJ$.
> Lösung: Es werden 33 MJ benötigt.

Im Anhang befindet sich eine Tabelle (▶ Tabelle A8) mit den spezifischen Wärmekapazitäten verschiedener Stoffe.

2.4.3 Wärmeausdehnung

Die meisten Körper – ob fest, flüssig oder gasförmig – vergrößern bei Temperaturerhöhung ihr Volumen. Im Teilchenmodell bedeutet Temperaturerhöhung eine Erhöhung der mittleren Bewegungsenergie der Teilchen. Warme Teilchen bewegen sich also stärker hin und her und benötigen mehr Platz. Das Maß der Ausdehnung ist abhängig vom Material, von der Größe des Körpers und von der Temperaturerhöhung (Wikipedia, 2021[33]).

Eine Ausnahme bildet Wasser im Temperaturintervall zwischen 0 °C und 4 °C. Es zieht sich beim Erwärmen zwischen 0 °C und 4 °C zusammen und hat bei 4 °C seine größte Dichte. Man bezeichnet dieses Verhalten von Wasser als Anomalie des Wassers (griech. anómalos = uneben, gegen die Regel) (LernHelfer, o. A.[2]).

2.4.3.1 Längenausdehnung

Wenn ein Körper sich aufgrund seiner Form im Wesentlichen in eine Richtung ausdehnen kann, spricht man von Längenausdehnung. Für die Längenausdehnung gilt $\Delta l = l_0 \cdot \alpha \cdot (t - t_0)$ und damit für die Gesamtlänge l_t bei der erhöhten Temperatur t:

$$l_t = l_0 + \Delta l = l_0 + l_0 \cdot \alpha \cdot (t - t_0) = l_0 \cdot (1 + \alpha \cdot (t - t_0)) \text{ und } [\Delta l] = [l_t] = m$$

mit
l_t Länge bei der erhöhten Temperatur t in m,
l_0 Länge bei der Ausgangstemeperatur t_0,
t Endtemperatur in °C,
t_0 Ausgangstemperatur in °C,
α Längenausdehnungskoeffizient in $\frac{1}{°C}$.

Für Feuerwehreinsatzkräfte ist insbesondere der vergleichsweise große Längenausdehnungkoeffizient von Stahl $\alpha_{stahl} = 12 \cdot 10^{-6} \frac{1}{°C}$ und die damit verbundene Längenänderung von Bauteilen von Bedeutung. Eine weitere Eigenschaft von Stahl im Brandfall ist der Verlust von Festigkeit, die bei 500 °C nur noch bei ca. 50 % liegt.

> **Beispiel:**
> An der Wand einer Lagerhalle läuft ein $l_0 = 24{,}0\,m$ langer Stahlträger als Kranbahn. Beim Brand der Lagerhalle wird der Träger im Mittel auf 470 °C erwärmt. Welche Gesamtlänge hat der Stahlträger aufgrund der Erwärmung? Die Ausgangstemperatur beträgt 20 °C.
>
> $l_t = l_0 + l_0 \cdot \alpha \cdot (t - t_0)$
>
> $= 24{,}0\,m + \dfrac{24{,}0\,m \cdot 12 \cdot (470\,°C - 20\,°C)}{1\,000\,000\,°C}$
>
> $= 24{,}0\,m + \dfrac{129\,600}{1\,000\,000}m = 24{,}1296\,m \approx 24{,}1\,m.$
>
> Lösung: Die Gesamtlänge der Kranbahn aufgrund der Erwärmung beträgt 24,1 m. Anmerkung: Einsatztaktisch besteht dann die Gefahr, dass sie abknickt oder aber die Mauern mit den Auflagern der Kranbahn nach außen drückt. Beim Löschangriff wird der Stahlträger wieder abgekühlt und zieht sich zusammen. Die nach außen gedrückte Mauer verändert ihre Position nicht und es kann wiederum zum Einsturz der tragenden Konstruktion kommen.

2.4.3.2 Volumenausdehnung

Wenn man Flüssigkeiten oder auch Gase erwärmt, dann dehnen sie sich im Allgemeinen in alle Richtungen aus. Sobald sie abkühlen, ziehen sie sich genauso wieder zusammen. Das Volumenausdehnungsverhalten verschiedener Stoffe be-

2.4 Wärmelehre (Thermodynamik)

schreibt man durch den sogenannten Volumenausdehnungskoeffizient γ. Er gibt an, um welchen Bruchteil des Volumens bei 0 °C sich eine Flüssigkeit oder ein Gas bei der Erwärmung um 1 °C ausdehnt.

$\Delta V = V_0 \cdot \gamma \cdot (t - t_0)$.
$V_t = V_0 + \Delta V = V_0 + V_0 \cdot \gamma \cdot (t - t_0)$ mit $\gamma \approx 3 \cdot \alpha$,
$V_t = V_0 + V_0 \cdot 3 \cdot \alpha \cdot (t - t_0) = V_0 \cdot (1 + 3 \cdot \alpha \cdot (t - t_0))$ und $[\Delta V] = [V_t] = m^3$

mit

V_0 Länge bei der Ausgangstemperatur t_0 in m,
t Endtemperatur in °C,
t_0 Ausgangstemperatur in °C,
γ Volumenausdehnungskoeffizient in $\frac{1}{°C}$ und $\gamma \approx 3 \cdot \alpha$.

Betrachtet man den Wärmeausdehnungkoeffizienten von Wasser, so wird deutlich, dass dieser im Bereich von 0 bis 4 °C negativ sein muss, da das Wasser bei 4 °C seine größte Dichte hat. Im Bereich oberhalb von 4 °C beträgt der Volumenausdehnungskoeffizient $\gamma = 0{,}000\,18\,\frac{1}{°C}$. Die relative Volumenausdehnung von Wasser bei einem Temperaturanstieg um 96 °C beträgt dann:

$$\frac{\Delta V}{V} = \gamma \cdot (t - t_0) = \frac{0{,}000\,18}{°C} \cdot 96\,°C = 0{,}017 \approx 1{,}7\,\%.$$

Obwohl die beiden Phasenübergänge nicht mit dem o.g. Volumenausdehungskoeffizient berechnet werden können, sollen hier die relativen Volumenausdehnungen beim Übergang von Wasser zu Eis: ca. 9 % und beim Übergang von Wasser zu Dampf: ca. 169 900 % (Volumenänderung um den Faktor von ca. 1 700) genannt werden.

> **Beispiel:**
> Ein Fahrzeugtank mit $V_0 = 50\,l$ Inhalt wird mit Benzin bei $t_0 = 10\,°C$ gefüllt. Bei Sonneneinstrahlung erwärmt er sich auf $t = 35\,°C$. Benzin hat den Wärmeausdehnungskoeffizienten $\gamma = 0{,}001\,2\,\frac{1}{°C}$.
> Wieviel Benzin läuft aufgrund der Wärmeausdehnung aus?
> $\Delta V = V \cdot \gamma \cdot (t - t_0) = 50\,l \cdot 0{,}001\,2\,\frac{1}{°C} \cdot (35 - 10)\,°C = \frac{50 \cdot 12 \cdot 25}{10\,000}l = \frac{12}{8}l = \frac{3}{2}l = 1{,}5\,l.$
> Lösung: Es laufen 1,5 l Benzin aus.

2.4.4 Wärmetransport

Wärmetransport ist die Weiterleitung von Energie in Form von Wärme. Im Feuerwehreinsatz besteht hierbei die Gefahr der Brandausbreitung vom Brandherd zu den noch nicht vom Feuer betroffenen Bereichen (Bauteile, Gebäude usw.). Es wird zwischen drei Arten von Wärmetransportvorgängen unterschieden:
1. Wärmeleitung ohne Materialtransport.
2. Wärmeströmung (Konvektion), das Mitführen thermischer Energie in einem strömenden Medium, d. h. mit Materialtransport.
3. Wärmestrahlung, also elektromagnetische Wellen. Im Unterschied zur Wärmeleitung und Wärmeströmung kann sich Wärmestrahlung auch im Vakuum ausbreiten.

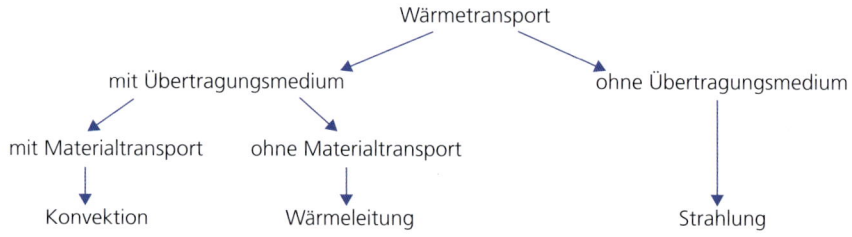

Bild 54: *Arten des Wärmetransportes*

2.4.4.1 Wärmeleitung

Bei der Wärmeleitung oder Konduktion wird kinetische Energie zwischen benachbarten Atomen oder Molekülen ohne Materialtransport übertragen. Diese Art der Wärmeübertragung ist ein unumkehrbarer Prozess und transportiert die Wärme von Orten mit höherem Energieniveau, d. h. höherer Temperatur, zu Orten mit niedrigeren Energieniveau. Hierdurch erwärmen sich die letztgenannten Bereiche immer stärker. Weitere Einflussfaktoren auf die Wärmeleitung eines Körpers oder Stoffes sind die Wärmeleitfähigkeit des Stoffes (Materials) λ, dessen Querschnittsfläche A, die Temperaturdifferenz ΔT, die Abmessung/Stärke des Körpers d und die Zeit t. Die Wärmeleitfähigkeit ist ein stoffspezifischer Kennwert. Materialien mit geringerer Leitung dienen dem Erhalt und der Speicherung von Wärmeenergie. Werkstoffe mit hoher Leitfähigkeit werden zum Transport und der Übertragung von Wärme eingesetzt. Werden alle diese Rechengrößen in Beziehung gesetzt, entsteht die Formel zur Berechnung der bei der Wärmeleitung transportierten Wärmemenge

$$Q = \lambda \cdot \frac{A \cdot t \cdot \Delta T}{l} \text{ und}$$

$$[Q] = J$$

mit

A   Querschnittsfläche, durch die Wärme transportiert wird in m^2,
t   Zeitdauer in s,
d   Materialdicke in m,
ΔT Temperaturdifferenz rechts und links der Querschnittsfläche in K,
λ spezifische Wärmeleitfähigkeit in $\frac{W}{mK}$.

Die obige Formel für den Wärmestrom beschreibt den verlustfreien Energietransport. In der Realität sind noch weitere Faktoren, wie z. B. die Temperatur selbst, zu berücksichtigen, die den Energietransport beeinflussen. Analysiert man die Formel, ist zu erkennen, dass die transportierte Wärmemenge proportional zur Fläche, der Zeit und dem Temperaturunterschied und gleichzeitig umgekehrt proportional zur Materialdicke ist.

Bei zwanzig Grad Celsius beträgt die Wärmeleitfähigkeit der Luft $\lambda_{Luft} = 0{,}026 \frac{W}{mK}$ und die von Wasser $\lambda_{Wasser} = 0{,}58 \frac{W}{mK}$. Das erklärt auch, warum Luftschichten gut als Wärmeisolator dienen. Gold, Silber und Kupfer besitzen die höchsten Wärmeleitfähigkeiten, weshalb sie in vielen technischen Anwendungen unverzichtbar sind.

> **Beispiel:**
> Berechne die Wärmemenge, die durch eine $A = 0{,}60\ m^2$ große Holzplatte mit einer Stärke von $d = 19\ mm$ bei einer Temperaturdifferenz von $\Delta T = 10\ K$ in einer Stunde strömt. Die Wärmeleitfähigkeit λ der Holzplatte beträgt $1{,}13\ W$ pro m und K.
>
> $$Q = \lambda \cdot \frac{A \cdot t \cdot \Delta T}{l} = 1{,}13 \frac{W}{mK} \cdot \frac{0{,}60\ m^2 \cdot 3\,600\ s \cdot 10\ K}{0{,}019\ m} = \frac{1{,}13 \cdot 0{,}60 \cdot 3\,600 \cdot 10}{0{,}019} \frac{Wm^2 sK}{m^2 K}$$
>
> $$= 1\,284\,631{,}57\ Ws = 1\,284\,631{,}57\ J \approx 1{,}3\ MJ.$$
>
> Lösung: Es strömt eine Wärmemenge $Q = 1{,}3\ MJ$ durch die Holzplatte.

Beim Schadenfeuer besteht bei der Erwärmung von Bauteilen nicht nur die Gefahr der Wärmeausdehnung (▶ Kapitel 2.4.3), sondern auch der Wärmeleitung. Bauteile, die an einer Stelle erwärmt werden, können diese Wärme leiten und am anderen Ende wieder abgeben und ggf. brennbare Baustoffe entzünden, so dass es dort zu einer Brandausbreitung kommt. Die Ausbreitung eines Brands durch Wärmeleitung ist aufgrund der unterschiedlichen Wärmeleitfähigkeit sehr stark abhängig davon, aus welchem Baustoff das Bauteil besteht. So ist Stahl ein viel besserer Wärmeleiter als Holz.

2.4.4.2 Wärmeströmung (Konvektion)

Bei der Wärmeleitung wird Wärme übertragen, obwohl der Körper selbst ruht. Bei der Wärmeströmung (Konvektion, lat. convehere = herbeibringen) hingegen strömen Flüssigkeiten wie Wasser oder Gase und nehmen dabei Wärme mit. Diese Wärmetransportform kommt daher nicht in festen Körpern oder im Vakuum vor. Diese Strömungen entstehen, wenn sich gasförmige flüssige Medien bei lokaler Erwärmung ausdehnen und eine andere Dichte annehmen. Aufgrund der Dichteunterschiede infolge unterschiedlicher Erwärmung kommt es dann zu einer Strömung innerhalb des Mediums (Wikipedia, 2021[34]). Der Dichteunterschied $\Delta\rho$ wird durch Erwärmen auf der einen Seite und Abkühlen auf der anderen Seite innerhalb des Mediums erzeugt und führt zu unterschiedlichen Druckverhältnissen.

$$\Delta p = h \cdot g \cdot \Delta \rho = h \cdot g \cdot (\rho_2 - \rho_1).$$

> **Beispiel:**
> Die Dichte von Wasser beträgt 998 $\frac{kg}{m^3}$ bei 20 °C und 972 $\frac{kg}{m^3}$ bei 80 °C. Berechne die Druckdifferenz in einer Wassertiefe von 1,0 m aufgrund der unterschiedlichen Dichten.
> $$\Delta p = 1{,}0\,m \cdot 9{,}81\,\frac{m}{s^2} \cdot (998 - 972)\,\frac{kg}{m^3} = 255{,}06\,\frac{m^2 kg}{s^2 m^3} = 255{,}06\,Pa \approx 2{,}6\,mbar.$$
> Lösung: Es entsteht eine Druckdifferenz von etwa 2,6 mbar.

2.4.4.3 Wärmestrahlung

Alle warmen Körper strahlen Wärme ab. Die Gesamtstrahlung ist von der Temperatur, der Größe sowie der Beschaffenheit der Oberfläche des Körpers abhängig. Die Wärmestrahlung (= Infrarotstrahlung oder IR-Strahlung, infra = lat. unterhalb) ist genauso wie das sichtbare Licht ein Teil des Spektrums der elektromagnetischen Wellen. IR-Stahlung ist für das menschliche Auge nicht sichtbar, kann aber als Wärme auf der Haut gespürt werden. Infrarot bedeutet, dass die Energie der Strahlung

2.4 Wärmelehre (Thermodynamik)

geringer ist als die von rotem Licht. Wärmestrahlung benötigt kein Medium, findet also auch im Vakuum und auch gegen den Wind statt. Mit Wärmebildkameras können Brandopfer o. ä. auch in verrauchten Räumen sichtbar gemacht werden, da die eingebauten IR-Sensoren die von einem Körper abgestrahlte Wärme für das menschliche Auge sichtbarmachen (Wikipedia, 2021[35]).

In die Formel zur Berechnung von einem Körper abgestrahlten Wärmestroms $\dot{Q}$ (der Punkt über dem Buchstaben ist eine Kurzschreibweise für die zeitliche Änderung einer Größe), d. h. Wärmemenge pro Zeiteinheit, geht die Körpertemperatur in der vierten Potenz ein.

$$\dot{Q} \propto A \cdot T^4 \text{ und } \left[\dot{Q}\right] = W$$

mit
$\dot{Q}$ Wärmestrom bzw. Strahlungsleistung,
A Oberfläche des abstrahlenden Körpers,
T Temperatur des abstrahlenden Körpers.

Das Zeichen $\propto$ steht für proportional.

Meist wirken bei realen Systemen mehrere Übertragungsarten zusammen. Innerhalb von Festkörpern findet vor allem Wärmeleitung statt. In Flüssigkeiten und Gasen ist zusätzlich Wärmeströmung möglich.

2.4.5 Wärmefreisetzung beim Verbrennungsvorgang

Beim Verbrennen eines brennbaren Stoffes wird Wärme frei. Je mehr Brennstoff vorhanden ist, desto mehr Energiemenge Q wird frei, des Weiteren kommt es aber auch auf den Heizwert des Brennstoffes an. Unter dem Heizwert H_i (i steht für lat. inferior = unterer) versteht man die maximal freiwerdende Energie beim Verbrennen des Stoffes. Hiervon zu unterscheiden ist der Brennwert, bei dem noch die ggf. freiwerdende Energie bei der Kondensation der Verbrennungsgase zu H_i dazu addiert wird (Wikipedia, 2021[36]).

$[H_i] = \frac{MJ}{kg}$ bei Feststoffen bzw. Flüssigkeiten und $[H_i] = \frac{MJ}{m^3}$ bei Gasen.
Im Anhang sind die Heizwerte einiger Stoffe aufgeführt.

> **Beispiel:**
> Welche Energie wird beim Verbrennen von $V = 20\,l$ Benzin frei?
>
> $H_{i\,benzin} = 46\,\frac{MJ}{kg}$.
>
> $\rho_{benzin} = 0{,}78\,\frac{kg}{dm^3} = 0{,}78\,\frac{kg}{l}$.
>
> $Q = H_i \cdot \rho_{benzin} \cdot V = 46\,\frac{MJ}{kg} \cdot 0{,}78\,\frac{kg}{l} \cdot 20\,l = 717{,}6\,MJ \approx 0{,}72\,GJ$.
>
> Lösung: Beim Verbrennen von 20 l Benzin werden 0,72 GJ frei.

2.5 Mechanik von Gasen

Im Gegensatz zu den bislang betrachteten Flüssigkeiten weisen Gase eine besondere Eigenschaft auf: Man kann sie zusammendrücken, d. h. sie sind verdichtbar (kompressibel, lat. compressum = zusammengedrückt). Dies wird u. a. beim Transport von Gasen im komprimierten Zustand angewandt. Man nennt solche komprimierten Gase auch Druckgase.

Wie wir schon im ▶ Kapitel 2.1.1 festgestellt haben, wird zur Beschreibung komplexer physikalischer Fragestellungen oft auf vereinfachte Modelle zurückgegriffen. Dies ist auch der Fall bei der Beschreibung des Verhaltens von Gasen. Hierzu wird genauso wie bei der Strömung, wo von einer idealen Flüssigkeit die Rede ist, von einem idealen Gas ausgegangen. Beim Modell des idealen Gases geht man davon aus, dass das Volumen der kleinsten Teile gegenüber dem vom Gas eingenommenen Volumen vernachlässigt werden kann. Es handelt sich also um Punktmassen. Sie bewegen sich in diesem Volumen ungeordnet. Dabei wechselwirken sie untereinander und mit den Gefäßwänden nur durch elastische Stöße, d. h. ohne Verformungen. Trotz dieser vereinfachten Annahmen lässt sich damit weitgehend das Verhalten von gasförmigen Stoffen beschreiben und verstehen. Sogenannte verflüssigte Gase können nicht als ideale Gase betrachtet werden und gehorchen daher nicht den nachfolgend dargestellten physikalischen Gesetzmäßigkeiten (LernHelfer, o. A.[3]).

2.5 Mechanik von Gasen

2.5.1 Gase: Verhältnis von Druck und Volumen

Die Gleichung zur Beschreibung des Verhaltens von (idealen) Gasen lautet:

$p \cdot V = c \cdot T$.

c ist eine Konstante, die zum einen proportional zur Gasmenge ist und zum anderen die sogenannte universelle Gaskontante enthält:

$R = 8{,}314\,46\, J mol^{-1} K^{-1} = 8{,}314\,46\, \frac{J}{molK}$.

Hier wurden bei den Einheiten z. T. negative Exponenten gesetzt. Sie bedeuten, dass die jeweilige Größe im Nenner steht. Betrachtet man nun eine definierte, d. h. konstante Gasmenge, folgt bei einer bestimmten (= konstanten) Temperatur:

$p \cdot V = konstant$ mit $[p \cdot V] = J$.

Bei jeder beliebigen Temperatur, wie z. B. $t_1 = 0\,°C$ oder $t_2 = 120\,°C$ etc., gilt also:

$p_1 \cdot V_1 = p_2 \cdot V_2 = p_3 \cdot V_3 = konstant$.

Merke:

Das Produkt von Druck und Volumen eines Gases ist konstant.

Diese Gleichung sagt aus, dass bei Verringerung des Volumens, d. h. der Faktor V wird kleiner, zwangsläufig der Druck im selben Verhältnis größer werden muss und umgekehrt. So kann man z. B. den Druckanstieg in einem Druckbehälter berechnen, wenn der Behälter erwärmt wurde. An dieser Stelle wollen wir noch eine neue Größe einführen, die sogenannte Stoffmenge n. Sie gibt die Menge an Teilchen (Atome oder Moleküle) eines Gasvolumens an und wird in der internationalen Einheit Mol (mol) angegeben. Definitionsgemäß gilt:

$1\, mol \approx 6{,}022 \cdot 10^{23}$ *Teilchen*.

Ideale Gase besitzen u. a. die nachfolgend aufgeführten Eigenschaften:
- Gleiche Volumina idealer Gase enthalten bei gleichem Druck und gleicher Temperatur gleich viele Moleküle. Die Beschreibung dieser Eigenschaft wird nach dem italienischen Physiker und Chemiker Amedeo Avogadro (1776–1856) als Satz von Avogadro genannt (Wikipedia, 2021[37]).
- Das Volumen eines idealen Gases mit einer Stoffmenge $n = 1\, mol$ beträgt bei Normalbedingungen 22,413 996 l. Unter Normalbedingungen (auch

STP genannt, vom englischen Begriff »Standard Temperature and Pressure«, bei denen die angegebenen Eigenschaften von Gasen gelten, versteht man die Temperatur $T = 273{,}15\,K$ entsprechend 0 °C und den Druck $p = 101\,325\,Pa = 101\,325\,\frac{N}{m^2} = 1\,013{,}25\,hPa = 101{,}325\,kPa = 1\,013{,}25\,mbar$ (Chemie.de, o. A.[1]).

> **Beispiel:**
>
> Ein gefüllter Pressluftatmer (Zweiflaschengerät) hat einen Fülldruck von $p_1 = 200\,bar$. Die beiden Atemluftflaschen haben zusammen einen Rauminhalt von $V_1 = 8{,}00\,dm^3$. Wie viel Luft enthält der Pressluftatmer bei Normaldruck?
>
> $p_1 \cdot V_1 = p_2 \cdot V_2,$
>
> $V_2 = \dfrac{p_1 \cdot V_1}{p_2} = \dfrac{200\,bar \cdot 8\,l}{1\,bar} = 1\,600\,l \approx 1{,}60\,m^3.$
>
> Lösung: Er enthält 1 600 l. D. h. wenn man die Luft aus den Flaschen ablässt, nimmt sie bei Normaldruck von 1 bar ein Volumen von 1,60 m³ ein.

2.5.2 Gase: Verhältnis von Temperatur und Volumen

Bisher wurde der Einfluss der Temperatur nicht betrachtet, d. h. die Temperatur wurde als konstant angenommen. In diesem Kapitel soll der Einfluss der Temperatur, die ein Maß für die Bewegungsenergie der kleinsten Teilchen eines Gases ist (▶ Kapitel 2.4.1), genauer betrachtet werden. Bei einer Temperaturerhöhung, d. h. Zuführung von Energie, stoßen diese verstärkt gegeneinander und an die Wände des Gefäßes. In der Folge erhöht sich der Druck. D. h. jede Temperaturerhöhung eines Gases bei gleichbleibenden Volumen erhöht den Druck (Salzmann, 2009). Dies ist insbesondere im Feuerwehreinsatz von Bedeutung, da es durch die Druckerhöhung in einem Gasvolumen zum Behälterzerknall o. ä. kommen kann.

Umgekehrt bewirkt jede Kompression eines Gases, d. h. Verkleinern des Volumens und damit Erhöhung des Druckes, eine Temperaturerhöhung. Dies kann man z. B. beim Füllen von Atemluftflaschen beobachten. Die Volumenänderung eines idealen Gases bei Erwärmung um 1 °C beträgt $\frac{1}{273{,}15}$ seines Volumens, d. h.

$$V_t = V_0 + V_0 \cdot \frac{(t - t_0)}{273{,}15\,°C}$$

mit

V_t Volumen bei der Endtemperatur in m^3,

2.5 Mechanik von Gasen

V_0 Volumen bei der Ausgangstemperatur t_0 in m^3,
t Endtemperatur in °C,
t_0 Ausgangstemperatur in °C.

Nachfolgend wird vereinfacht mit $V_t = V_0 + V_0 \cdot \frac{(t-t_0)}{273\,°C}$ gerechnet.

> **Beispiel:**
> Eine Druckgasflasche mit $V = 40{,}0\,l$ Volumen und $120\,bar$ Druck wird während eines Brandes auf 260 °C erwärmt. Die Druckgasflasche war in einer Werkstatt mit 20,0 °C Raumtemperatur gelagert. Welcher Druckanstieg erfolgt in der Druckgasflasche?
>
> $V_t = V_0 + V_0 \cdot \frac{(t-t_0)}{273\,°C} = 40{,}0\,l + 40{,}0\,l \cdot \frac{260\,°C - 20{,}0\,°C}{273\,°C}$
>
> $= 40{,}0\,l \cdot \left(1 + \frac{240}{273}\right) = 40{,}0 \cdot (1 + 0{,}879\,1)\,l = 75{,}164\,l.$
>
> Da das Flaschenvolumen gleich bleibt, muss man den in der Flasche entstehenden Druck folgendermaßen berechnen.
>
> $p_{260\,°C} = \frac{V_{260\,°C}}{V_{20\,°C}} \cdot 120\,bar = \frac{75{,}164\,l}{40\,l} \cdot 120\,bar = 225{,}492\,bar.$
>
> $\Delta_p = p_{260\,°C} - p_{20\,°C} = 225{,}492\,bar - 120\,bar = 105{,}492\,bar \approx 105\,bar.$
>
> Lösung: Der Druckanstieg beträgt 105 bar.

2.5.3 Relative Masse von Gasen zu Luft

Im Feuerwehreinsatz ist oftmals die Frage relevant, ob ausgetretene Gase oder Dämpfe leichter oder schwerer als Luft sind. Denn je nach Ergebnis besteht die Gefahr der Ausbreitung oder Anreicherung dieser Gase oder Dämpfe. An dieser Stelle soll eine kurze Anleitung gegeben werden, wie dies aus einigen relativen Atommassen oder daraus ableitbaren Molekülmassen errechnet werden kann.

Bei der relativen Atommasse handelt es sich um das Verhältnis der Masse des jeweiligen Atoms und $\frac{1}{12}$ der Masse eines bestimmten Kohlenstoffisotopes ^{12}C. $\frac{1}{12}$, da dieses Kohlenstoffisotop 12 Nukleonen (Kernbausteine, lat. nucleus = Kern) enthält (Chemie.de, o. A.[2]). Isotope (griech. isos = gleich, tópos = Ort) eines chemischen Elements bedeuten, dass es sich um verschiedene Atomsorten eines chemischen Elementes handelt, die sich lediglich in der Masse unterscheiden, da sie eine unterschiedliche Anzahl von Neutronen besitzen (Wikipedia, 2021[38]). Da sie sich nur in der Masse unterscheiden, stehen sie alle an der gleichen Stelle im Periodensystem der Elemente. Historisch wurden die rel. Atommassen auf das Wasserstoffatom bezogen, das vereinfacht auf 1 gesetzt wurde.

Luft ist im Wesentlichen ein Gemisch aus den Gasen Stickstoff ($\frac{4}{5}$ bzw. 80 %) und Sauerstoff ($\frac{1}{5}$ bzw. 20 %). Weitere Bestandteile wie CO_2 und Edelgase etc. sollen an dieser Stelle vernachlässigt werden. Dies ist auch deshalb unproblematisch, da ja auch die Prozentzahlen relativ ungenau sind. In der nachfolgenden Tabelle sind einige rel. Atommassen in Bezug auf das ^{12}C Kohlenstoffisotop aufgeführt.

Tabelle 5: *Relative Atommassen in Bezug auf das ^{12}C Kohlenstoffatom*

Element	relative Atommasse bezogen auf ^{12}C	gerundet
Wasserstoff *H*	1,008	1
Kohlenstoff *C*	12,011	12
Stickstoff *N*	14,007	14
Sauerstoff *O*	15,999	16
Chlor *Cl*	35,453	35

Beim Kohlenstoff steht bei der relativen Atommasse nicht genau 12, wie man vermuten könnte. Der Grund liegt darin, dass es sich auch um ein Isotopengemisch handelt. Bei der weiteren Berechnung der Luftzahl (rechnerische Molekularmasse) und den relativen Atom- oder Molekülmassen anderer Gase gehen wir von den gerundeten Werten aus. Aus der ▶ Tabelle 5 entnehmen wir die relative Atommasse $O = 16$ und $N = 14$, damit ergibt sich die Luftzahl zu 29.

$$\tfrac{1}{5}(O_2) + \tfrac{4}{5}(N_2) = \tfrac{1}{5}(2 \cdot 16) + \tfrac{4}{5}(2 \cdot 14) = \tfrac{(32+112)}{5} \approx 29$$

Merke:
Ein Gas ist leichter als Luft, also flüchtig, wenn seine Molekülmasse kleiner als 29 ist.

Nun kann man Anhand der Atomgewichte der Elemente in ▶ Tabelle 5, die jede Feuerwehreinsatzkraft kennen sollte, einfach Vergleichszahlen ermitteln, aus denen ersichtlich ist, ob das Gas leichter oder schwerer als Luft ist.

2.5 Mechanik von Gasen

Tabelle 6: *Vergleichszahlen einiger Gase zur Luftzahl*

Stoff	Formel	Bestandteile	Vergleichszahlen zur Luft mit der Molekülmasse 29
Kohlenstoffmonoxid	CO	$C = 12$ $O = 16$	$CO = 28$, etwas leichter als Luft
Kohlenstoffdioxid	CO_2	$C = 12$ $O_2 = 32$	$CO_2 = 44$, ca. 1,5-mal so schwer wie Luft
Methan	CH_4	$C = 12$ $H_4 = 4$	$CH_4 = 16$, leichter als Luft
Acetylen	C_2H_2	$C_2 = 24$ $H_2 = 2$	$C_2H_2 = 26$, leichter als Luft
Propan	C_3H_8	$C_3 = 36$ $H_8 = 8$	$C_3H_8 = 44$, wie CO_2
Nitroses Gas (gefährlicher Hauptbestandteil) Stickstoffdioxid	NO_2	$N = 14$ $O_2 = 32$	$NO_2 = 46$, schwerer als Luft
Chlorwasserstoff (Salzsäure)	HCl	$H = 1$ $Cl = 35$	$HCl = 36$, schwerer als Luft
Blausäure	HCN	$H = 1$ $C = 12$ $N = 14$	$HCN = 27$, etwas leichter als Luft
Ethanol (Alkohol)	C_2H_5OH	$C_2 = 24$ $H_5 = 5$ $O = 16$ $H = 1$	$C_2H_5OH = 46$, schwerer als Luft
Ammoniak	NH_3	$N = 14$ $H_3 = 3$	$NH_3 = 17$, leichter als Luft

In ▶ Tabelle 6 ist dies für einige Stoffe berechnet. Hier kann man grundsätzlich erkennen:

- Beinahe alle technisch relevanten und häufig auftretenden Gase und Dämpfe sind aus den in der ▶ Tabelle 5 angegebenen fünf Elementen zusammengesetzt.
- Alle Dämpfe flüssiger Kohlenwasserstoffe sind schwerer als Luft (Benzin, Benzol, Alkohol, Lösungsmittel, Diesel- und Heizöl).
- Jede Chlorverbindung ist schwerer als Luft.

3 Vermischte Aufgaben und zugehörige Lösungen

3.1 Aufgaben Dreisatz

Aufgabe:
In einer Druckgasflasche befinden sich 300 g verflüssigtes CO_2. Durch ein Leck entweichen 81 l Gas. Wie viel g wiegt der verbleibende Rest, wenn 1 kg CO_2 509 l Gas ergibt?

- Behauptungssatz: $1\,000\,g\,CO_2 \triangleq 509\,l$.
- Folgerungssatz: $1\,g\,CO_2 \triangleq \frac{509}{1\,000}\,l$.
- Schlusssatz: $300\,g\,CO_2 \triangleq \frac{300 \cdot 509}{1\,000}\,l = 152{,}7\,l \approx 153\,l$.

Von den 153 l entweichen 81 l Gas. Es bleiben $153\,l - 81\,l = 72\,l$.

Jetzt geht es weiter mit der zweiten Dreisatzrechnung, wobei die gesuchte Größe diesmal das Gewicht ist.

- Behauptungssatz: $509\,l\,CO_2 \triangleq 1\,kg$.
- Folgerungssatz: $1\,l\,CO_2 \triangleq \frac{1}{509}\,kg$.
- Schlusssatz: $72\,l\,CO_2 \triangleq \frac{72}{509}\,kg = 0{,}141\,45\,kg \approx 0{,}14\,kg$.

Lösung: Der Rest von 72 l wiegt 0,14 kg.

Aufgabe:
Die Drehleiter DLAK hat eine Leiterlänge von 30 Metern. Auf 2 Meter befinden sich 7 Sprossen. Wie viele Sprossen muss der Angriffstrupp steigen, wenn er die Leiter ganz hochsteigen soll?

- Behauptungssatz: $2\,m \triangleq 7\,Sprossen$.
- Folgerungssatz: $1\,m \triangleq \frac{7}{2}\,Sprossen = 3{,}5\,Sprossen$.
- Schlusssatz: $30\,m \triangleq 3{,}5\,\frac{Sprossen}{m} \cdot 30\,m = 105\,Sprossen$.

Lösung: Es müssen 105 Sprossen gestiegen werden.

3.2 Aufgaben Prozentrechnung

Aufgabe:
Ein vollständig gefüllter Öltank hatte ein Leck, durch das in der Minute 30 l Öl ausgelaufen sind. Nach einem Tag und 3 Stunden wurde das Leck bemerkt und die Feuerwehr alarmiert, die 7 Minuten später an der Einsatzstelle eintrifft. Nach 25 Minuten hatte die Feuerwehr das Leck abgedichtet. Es waren 10 % ausgelaufen. Wie viel Öl war ursprünglich im Tank?

Auslaufzeit t:

$$t = 1\,d\ 3\,h\ 32\,min = (24+3) \cdot 60\,min + 32\,min = 1\,652\,min.$$

Leckmenge V_{leck}:

$$V_{leck} = 30\,\frac{l}{min} \cdot 1\,652\,min = 49\,560\,l.$$

Tankinhalt V_{tank}:

$$V_{leck} = 0{,}1 \cdot V_{tank},$$

$$V_{tank} = \frac{V_{leck}}{0{,}1} = 495\,600\,l = 495{,}6\,m^3 \approx 50 \cdot 10^1\,m^3.$$

Lösung: Der Öltank hat ein Volumen von $50 \cdot 10^1\,m^3$.

Aufgabe:
Ein Kellerraum von $A = 28\,m \times 30\,m$ Fläche soll mit einem Leichtschaum-Generator der Größe 200 ($200\,\frac{l}{min}$ Wasser/Schaummittelgemisch, Verschäumung 1 : 1 000, Zumischung 2 %) beschäumt werden.

a) Wie lange dauert die Beschäumung des Kellers, wenn $V = 120\,l$ Leichtschaummittel zur Verfügung stehen?
b) Wie hoch kann der Keller beschäumt werden, wenn während des Beschäumens 60 % des erzeugten Leichtschaums abbrennen?

Zu a)

$$200\,\frac{l}{min} \,\hat{=}\, 100\,\%, \quad 2\,\% \,\hat{=}\, 4\,\frac{l}{min}.$$

$$120\,l : 4\,\frac{l}{min} = 30\,min.$$

Lösung: Es dauert 30 min bis das Schaummittel aufgebraucht ist.

Zu b)
Berechnen der Schaumleistung:

$$200 \frac{l}{min} \cdot 1\,000 = 200 \frac{m^3}{min}.$$

Unter Berücksichtigung der Abbrandrate von 60 % ergibt sich eine Schaumleistung von

$$200 \frac{m^3}{min} \cdot 0{,}4 = 80 \frac{m^3}{min}.$$

Unter Berücksichtigung der Abbrandrate ergibt sich eine Schaumleistung von $80 \frac{m^3}{min}$.
Wenn der Keller dann 30 min eingeschäumt wird, ergibt sich ein Schaumvolumen von

$$V = 80 \frac{m^3}{min} \cdot 30\,min = 2\,400\,m^3.$$

Die Fläche des Kellers beträgt: $A = 28\,m \cdot 30\,m = 840\,m^2$.

Teilt man das Schaumvolumen V durch die Fläche A, so erhält man die Höhe des Schaumteppichs im Keller.

$$h = \frac{V}{A} = \frac{2\,400\,m^3}{840\,m^2} = 2{,}857\,m \approx 2{,}9\,m.$$

Lösung: Der Keller kann bis zur Höhe von 2,9 m beschäumt werden.

Aufgabe:
Wenn eine Feuerwehr 234 aktive Feuerwehrangehörige hat, welcher Prozentsatz sind 16 Feuerwehrangehörige, die nicht atemschutztauglich sind?

$16 : 234 = 0{,}068\,3 \approx 6{,}8\,\%.$

```
  1600
 -1404
   1 1
 ─────
  1960
 -1872
   1 1
 ─────
  00880
 -  702
    ...
```

Lösung: Es handelt sich um 6,8 %.

3.2 Aufgaben Prozentrechnung

Aufgabe:
Der Listenpreis einer Kfz-Batterie beträgt 165,00 €. Durch Gewährung eines Behördenrabatts zahlt die Feuerwehr nur 107,25 €.

a) Um wie viel Prozent (im Vergleich zum Listenpreis) ist die Kfz-Batterie günstiger?
b) Wie viel Prozent hätte die Feuerwehr mehr zahlen müssen, wenn sie keinen Behördenrabatt bekommen hätte?

Zu a)
- Behauptungssatz: $165,00 \triangleq 100,00\,\%$.
- Folgerungssatz: $1,00 \triangleq \frac{100,00}{165,00}\,\%$.
- Schlusssatz: $107,25 \triangleq 107,25 \cdot \frac{100,00}{165,00}\,\% = 65,00\,\%$.

107,25 € sind 65,00 % von 165,00 €. Die Frage lautet jedoch: Wieviel billiger war der Akku? Wir müssen also die Differenz zu 100,00 % bilden: 100,00 % − 65,00 % = 35,00 %. Man könnte auch zuerst die Preisdifferenz bilden und dann den Prozentsatz ausrechnen:

$165,00 - 107,25 = 57,75$

$57,75 \triangleq 57,75 \cdot \frac{100,00}{165,00}\,\% = 35,00\,\%$.

Lösung: Der Rabatt beträgt 35,00 %.

Zu b)
In diesem Fall ist die Bezugsgröße der wirklich gezahlte Betrag 107,25 €.
- Behauptungssatz: $107,25 \triangleq 100,00\,\%$.
- Folgerungssatz: $1,00 \triangleq \frac{100,00}{107,25}\,\%$.
- Schlusssatz: $57,75 \triangleq 57,75 \cdot \frac{100,00}{107,25}\,\% \approx 53,85\,\%$.

Lösung: Die Feuerwehr hätte dann 53,85 % mehr zahlen müssen.
Anmerkung: Es ergeben sich somit je nach der Fragestellung ganz unterschiedliche Prozentsätze.

3 Vermischte Aufgaben und zugehörige Lösungen

3.3 Aufgaben Mittelwert

Aufgabe:
Innerhalb eins Jahres kommt es zu 530 Einsätzen, bei denen Verletzte mit Rettungswagen in Krankenhäuser gebracht werden. Bei 350 Einsätzen wurde 1 Verletzter transportiert, in 165 Fällen jeweils 2 Verletzte und in 15 Fällen 3 Verletzte. Wie viele Verletzte wurden pro Einsatz im Durchschnitt im Betrachtungszeitraum transportiert?

Zunächst wird die Gesamtanzahl der transportierten Verletzten summiert:

$$350 \cdot 1 + 165 \cdot 2 + 15 \cdot 3 = 725.$$

Diese Zahl teilt man dann durch die Anzahl der Verletztentransporte:

$$725 : (350 + 165 + 15) = 725 : 530 = 1{,}367 \approx 1{,}37.$$

Lösung: Es wurden im Schnitt 1,37 Verletzte transportiert.
Anmerkung: Es werden normalerweise nur ganze Personen betrachtet, so dass es sich hier um eine rechnerische Größe handelt.

Aufgabe:
Ein Taucher benötigt zum Abstieg und Auffinden der Einsatzstelle $\frac{1}{4}$ der Einsatzzeit und hat dabei einen mittleren Luftverbrauch von $64 \frac{l}{min}$. Die Hälfte der Einsatzzeit arbeitet er bei einem Luftverbrauch von $96 \frac{l}{min}$. Während der restlichen Einsatzzeit steigt er bei einem Luftverbrauch von $50 \frac{l}{min}$ auf. Es soll der durchschnittliche Luftverbrauch $\frac{V}{t}$ berechnet werden?

Beim Finden der Lösung ist darauf zu achten, dass gleiche Zeiträume addiert werden. Die restliche Einsatzdauer ist ebenfalls ein Viertel der gesamten Einsatzdauer. Es ergeben sich also vier gleiche Einsatzzeiträume und die jeweils zugehörigen Luftverbrauchswerte:

$$\frac{V}{t} = \frac{1}{4} \cdot \left(64 \frac{l}{min} + 96 \frac{l}{min} + 96 \frac{l}{min} + 50 \frac{l}{min}\right) = \frac{306}{4} \frac{l}{min} = 76{,}5 \frac{l}{min} \approx 77 \frac{l}{min}.$$

Lösung: Der mittlere Luftverbrauch beträgt $77 \frac{l}{min}$.
Anmerkung: Wenn man nur die drei Werte 64, 96 und 50 addiert und durch 3 geteilt hätte, wäre der hohe Luftverbrauch während der Arbeitsphase nur zur Hälfte berücksichtigt worden und das Ergebnis zu niedrig.

3.4 Aufgaben Längen-, Flächen-, Volumenberechnung/Dichte

Aufgabe:

Es soll eine Wasserversorgung vom Hydranten, der $800 \frac{l}{min}$ liefern kann, zum Fahrzeugtank aufgebaut werden. Ein B-Schlauch ist 20 Meter lang. Der nächstgelegene Hydrant vom Löschfahrzeug ist 270 Meter entfernt. Wie viele B-Schläuche benötigt die Feuerwehr, um Wasser vom Hydranten zum Fahrzeugtank zu transportieren?

Anzahl der Schläuche:

$x = 270 : 20 = 13{,}5 \approx 14.$

Lösung: Es werden 14 Schläuche benötigt.

Aufgabe:

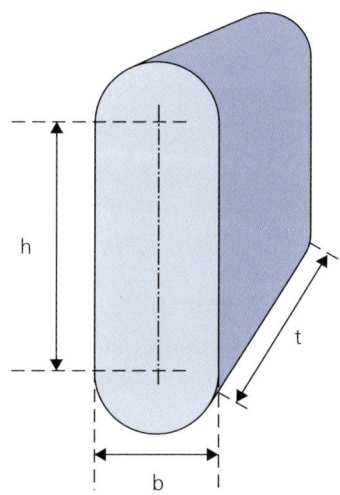

Bild 55: *Abmessungen eines Öltanks*

In ▶ Bild 55 ist ein Heizöltank dargestellt. Wieviel Liter Heizöl passen in den Tank, wenn er zu 80 % gefüllt ist? $b = 0{,}60\,m$, $h = 1{,}2\,m$, $t = 2{,}0\,m$.

3 Vermischte Aufgaben und zugehörige Lösungen

$$V_{heizöltank} = V_{quader} + 2\,V_{halbzylinder} = b \cdot h \cdot t + \frac{b^2}{4} \cdot \pi \cdot t$$
$$= 0{,}60\,m \cdot 1{,}2\,m \cdot 2{,}0\,m + (0{,}30\,m \cdot 0{,}30\,m \cdot 3{,}14 \cdot 2{,}0\,m)$$
$$= 1{,}44\,m^3 + 0{,}565\,2\,m^3 = 2{,}005\,2\,m^3 \approx 2{,}0\,m^3 = 20 \cdot 10^2\,l.$$

80 % von dieser Menge sind: $0{,}8 \cdot 2{,}0\,m^3 = 16 \cdot 10^2\,l$.
Lösung: Im Heizöltank befinden sich $16 \cdot 10^2\,l$ Heizöl.

Aufgabe:
Der Flächeninhalt A eines Rechtecks beträgt $12{,}347\,m^2$. Eine Seite a ist dabei $1{,}23\,m$ lang. Wie lange ist die andere Seite b?

$$A = a \cdot b,$$
$$b = A : a = 12{,}347\,m^2 : 1{,}23\,m = 10{,}038\,m \approx 10{,}0\,m.$$

Lösung: Die andere Seite ist $10{,}0\,m$ lang.

Aufgabe:
Welches Aufnahmevolumen muss eine Betonpumpe besitzen, die eine Menge (Masse) von $m = 45\,t$ Beton der Dichte $\rho = 2{,}37\,\frac{t}{m^3}$ aufnehmen soll?

$$V = \frac{m}{\rho} = \frac{45\,t}{2{,}37\,\frac{t}{m^3}} = 18{,}987\,m^3 \approx 19\,m^3.$$

Lösung: Das Aufnahmevolumen der Betonpumpe muss $19\,m^3$ betragen.

Aufgabe:
Ein Sandstreuer hat ein Aufnahmevolumen von $V = 1{,}6\,m^3$. Wieviel t trockenen Sand kann der Streuer aufnehmen, wenn man von einer Dichte von $\rho = 1{,}75\,\frac{t}{m^3}$ ausgeht?

$$m = \rho \cdot V = 1{,}75\,\frac{t}{m^3} \cdot 1{,}6\,m^3 = 2{,}8\,t.$$

Lösung: Die Masse von $1{,}6\,m^3$ Sand beträgt $2{,}8\,t$.

Aufgabe:
Ein zylindrischer Flüssiggastank der Länge $l = 1\,m$ und einem Durchmesser $d = 1\,m$ ist hinten und vorne mit einer Halbkugel abgeschlossen. In ▶ Bild 56 ist der Tank skizziert. Es soll der Inhalt berechnet werden.

3.4 Aufgaben Längen-, Flächen-, Volumenberechnung/Dichte

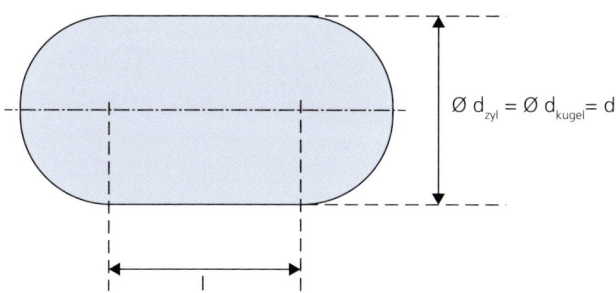

Bild 56: *Zylindrischer Flüssiggastank*

Da der Zylinder einen Durchmesser von $d_{zyl} = 1{,}00\,m$ hat, muss der Durchmesser der Halbkugeln auch $d_{kugel} = 1{,}00\,m$ betragen. Das Gesamtvolumen ergibt sich somit aus 1 Kugel (= 2 Halbkugeln) + 1 Zylinder.

$$V_{tank} = V_{kugel} + V_{zyl} = \frac{d^3 \cdot \pi}{6} + \frac{d^2 \cdot \pi \cdot l}{4} = \frac{1{,}00 \cdot \pi}{6}m^3 + \frac{1{,}00 \cdot \pi}{4}m^3$$

$$= \frac{2{,}00 \cdot \pi + 3{,}00 \cdot \pi}{12}m^3 = 1{,}308\,m^3 \approx 1{,}31\,m^3.$$

Lösung: Das Volumen des Tanks beträgt $1{,}31\,m^3$.

Anmerkung: Im Ansatz durften die beiden Durchmesser d_{kugel} und $d_{zylinder}$ ohne Index geschrieben werden, da es sich entsprechend der Aufgabenstellung um den gleichen Durchmesser handelt.

Aufgabe:
Beim Brand eines Schwimmdachtanks muss eine ringförmige Fläche vom Innendurchmesser $d = 12{,}0\,m$ und vom Außendurchmesser $D = 13{,}6\,m$ mit Schwerschaum ($VZ = 7$) bedeckt werden. Während des Aufbringens brennen 45 % des Schaumes ab, die Schaumdecke ist zuletzt 60,0 cm dick. Berechne den Schaummittelbedarf und die benötigte Wassermenge zum Erzeugen des Schaumes, wenn von einer Zumischung von 3,5 % ausgegangen wird.

Zu beschäumende Fläche:

$$A = \frac{D^2 \cdot \pi}{4} - \frac{d^2 \cdot \pi}{4}.$$
$$= \left(6{,}8^2 - 6{,}0^2\right)m^2 \cdot \pi$$
$$= (46{,}24 - 36{,}00)m^2 \cdot 3{,}14$$
$$= 10{,}24\,m^2 \cdot 3{,}14 = 32{,}153\,6\,m^2 \approx 32{,}2\,m^2.$$

Das Schaumvolumen $V = A \cdot h$ entspricht 55 % der zu erzeugenden Schaummenge V_1, da 45 % abbrennen.

$A \cdot h \triangleq 55\,\%.$

$\dfrac{A \cdot h}{55} \triangleq 1\,\%.$

$\dfrac{A \cdot h \cdot 100}{55} \triangleq 100\,\%.$

Schaummenge $V_1 = \dfrac{A \cdot h \cdot 100}{55} = \dfrac{32{,}2\,m^2 \cdot 0{,}600\,m \cdot 100}{55} = \dfrac{32{,}2 \cdot 12}{11}\,m^3$

$= 35{,}127\,27\,m^3 \approx 35{,}1\,m^3.$

Bei einer $VZ = 7$ benötigt man also folgende Menge an Wasser/Schaummittelgemisch V_2:

$V_2 = \dfrac{35{,}1\,m^3}{7} = 5{,}014\,m^3 \approx 5{,}01\,m^3.$

3,5 % Zumischung bedeuten einen Teilmengenstrom von 3,5 % Schaummittel und einen Teilmengenstrom von 96,5 % Wasser.

$V_2 = 5\,010\,l \triangleq 100\,\%.$

$50{,}1\,l \triangleq 1\,\%.$

$3{,}5\,\% \triangleq 3{,}5 \cdot 50{,}1\,l = 175{,}35\,l \approx 175\,l.$

$96{,}5\,\% \triangleq 96{,}5 \cdot 50{,}1\,l = 4\,834{,}65\,l \approx 48{,}0\,m^3.$

Lösung: Es werden 176 l Schaummittel und 48,0 m³ Wasser zur Erzeugung des notwendigen Schwerschaumes benötigt.

Aufgabe:
Auf einer Wasseroberfläche schwimmt Öl. Mit einer 100 m langen Schlauchsperre (Ölschlängel) wird das Öl kreisförmig zusammengeschoben. Im Innern des Schlängels befindet sich dann eine Schicht von $h = 1\,mm$ Dicke. Wieviel Liter Öl schwimmen auf dem Gewässer? Beim Ölvolumen handelt es sich um einen Zylinder mit $U = 100\,m$ und $h = 1\,mm = 0{,}001\,m$.

3.4 Aufgaben Längen-, Flächen-, Volumenberechnung/Dichte

$$V_{zyl} = \frac{d^2 \cdot \pi \cdot h}{4} \text{ und } U = d \cdot \pi,$$

$$\text{daraus } d = \frac{U}{\pi} = \frac{100\,m}{3,14} = \frac{1\,000}{3,14}\,dm$$

$$V = \frac{d^2 \cdot \pi \cdot h}{4} = \frac{1\,000\,dm \cdot 1\,000\,dm \cdot 3,14 \cdot 0,01\,dm}{3,14 \cdot 3,14 \cdot 4} = \frac{10 \cdot 1\,000}{4 \cdot 3,14}\,dm^3$$

$$= \frac{2\,500}{3,14}\,dm^3 = 769,178\,3\,l \approx 0,8\,m^3.$$

Lösung: Es schwimmen $0,8\,m^3$ Öl auf der Gewässeroberfläche.

Aufgabe:
Ein Becken ist $8,4\,m$ lang und $4,1\,m$ breit. Es wird mit Wasser gefüllt, wobei der Förderstrom der Pumpe $\frac{\Delta V}{\Delta t} = 2\,400\,\frac{l}{min}$ beträgt. Wie schnell steigt der Wasserspiegel $\frac{\Delta h}{\Delta t}$?

$$\frac{\Delta V}{\Delta t} = l \cdot b \cdot \frac{\Delta h}{\Delta t},$$

$$\frac{\Delta h}{\Delta t} = \frac{\Delta V}{\Delta t \cdot l \cdot b} = \frac{2,4\,m^3}{min \cdot 8,4\,m \cdot 4,1\,m} = 0,069\,68\,\frac{m}{min} \approx 0,070\,\frac{m}{min} = 7,0\,\frac{cm}{min}.$$

Lösung: Der Wasserspiegel steigt um $7,0\,cm$ pro Minute.

Aufgabe:
Ein zylindrischer Festdachtank von $12\,m$ Durchmesser und $14,5\,m$ Höhe soll berieselt werden. Welche Wassermenge ist dazu pro Sekunde erforderlich ist, wenn pro m^2 Oberfläche $60\,l$ pro Stunde gefordert werden?

Die Oberfläche O setzt sich zusammen aus:

$$O = A_{dach} + A_{mantel}$$
$$= r^2 \cdot \pi + 2 \cdot r \cdot \pi \cdot h$$
$$= 36\,m^2 \cdot 3,14 + 12\,m \cdot 3,14 \cdot 14,5\,m$$
$$= 113,04\,m^2 + 546,36\,m^2 = 659,4\,m^2.$$

Für $1\,m^2$ werden $60\,\frac{l}{h}$ gefordert. Für $659,4\,m^2$ ergibt sich die Wassermenge $V_{berieselung}$ pro Stunde:

$$\frac{V_{berieselung}}{h} = 659,40\,m^2 \cdot 60\,\frac{l}{m^2 \cdot h} = 39\,564\,\frac{l}{h} = 39\,564\,\frac{l}{3\,600\,s} = 10,99\,\frac{l}{s} \approx 11\,\frac{l}{s}.$$

Lösung: Es sind $11\,l$ pro Sekunde erforderlich.

3 Vermischte Aufgaben und zugehörige Lösungen

Aufgabe:
Ein zylindrischer Behälter von 2,50 m Durchmesser und 1,60 m Höhe, in dem eine brennbare Flüssigkeit 20 cm hochsteht, wird mit einem Schaumrohr M4-75 beschäumt. Während des Aufbringens brennen 20 % des Mittelschaumes ab.
  a) Wie lange muss beschäumt werden, bis der Behälter randvoll ist?
  b) Wie viel Schaummittel wird benötigt, wenn von einer Zumischrate von 3,5 % ausgegangen wird?

Zu a)

$$V_{schaum} = \frac{d^2 \cdot \pi \cdot h}{4} = \frac{(2,50\,m)^2 \cdot 3,14 \cdot 1,60\,m}{4} = 6,25 \cdot 3,14 \cdot 0,40\,m^3$$
$$= 7,85\,m^3.$$

Schaumleistung unter Berücksichtigung des Abbrandes:
  M4-75 bedeutet 400 $\frac{l}{min}$, Gebrauchslösung 75-fach verschäumt

$$\frac{V}{t} = 400\,\frac{l}{min} \cdot 75 \cdot 0,8 = 24\,000\,\frac{l}{min} = 24\,\frac{m^3}{min},$$

$$t = \frac{V_{schaum}}{\frac{V}{t}} = \frac{7,85\,m^3}{24}\,\frac{m^3}{min} = 0,327\,min \approx 0,33\,min \approx 20\,s.$$

Lösung: Es müssen 20 s beschäumt werden.

Zu b)

Tatsächlich erzeugter Schaum $V_{gesschaum}$:

$$V_{gesschaum} = 400\,\frac{l}{min} \cdot 75 \cdot 0,327\,min = 9810\,l.$$

Gebrauchslösung V_{geb}:

$$V_{geb} = \frac{9810\,l}{75} = 130,8\,l.$$

Schaummittelmenge:

$$103,5\,\% \stackrel{\triangle}{=} 130,8\,l.$$

$$3,5\,\% \stackrel{\triangle}{=} 130,8\,l \cdot \frac{3,5}{103,5} \approx 4,4\,l.$$

Lösung: Es werden 4,4 l Schaummittel benötigt.

3.5 Aufgaben Gleichförmige Bewegung

Aufgabe:
Ein Einsatzfahrzeug fährt mit einer gleichmäßigen Geschwindigkeit von $v = 60\frac{km}{h}$. Das ist in etwa die Geschwindigkeit, die ein Einsatzfahrzeug im Mittel innerhalb einer Gemeinde auf ausgebauten Straßen erreichen kann. Welche Strecke legt das Einsatzfahrzeug innerhalb einer Zeitdauer von 5,0 s zurück?

$$v = \frac{\Delta s}{\Delta t} = \frac{s}{t} = konstant.$$

$$v = 60\frac{km}{h} = \frac{60\,000\,m}{3\,600\,s}.$$

$$s = v \cdot t = \frac{60\,000\,m}{3\,600\,s} \cdot 5,0\,s = 83,3\,m \approx 83\,m.$$

Lösung: Das Einsatzfahrzeug legt 83 m innerhalb von 5,0 s zurück.

Aufgabe:
Ein Flughafenlöschfahrzeug beschäumt eine Landebahn mit zwei Schaum-Schnellangriffseinrichtungen, die einen Durchfluss von je $800\,\frac{l}{min}$ haben. Die Verschäumung ist 7-fach. Es legt einen $b = 5,00\,m$ breiten Streifen. Wie dick h wird die Schaumschicht, wenn die Fahrgeschwindigkeit des Fahrzeugs $v = 3,36\,\frac{km}{h}$ beträgt?

Wir beziehen alle Angaben auf eine Sekunde. Dann ist das pro Sekunde erzeugte Schaummittelvolumen durch die pro Sekunde überfahrene Fläche zu dividieren, um die Dicke der Schaumschicht zu erhalten.

Schaummittelvolumen pro Sekunde: $\frac{V}{t} = 2 \cdot 800\,\frac{l}{min} \cdot 7 = \frac{11\,200}{60}\,\frac{l}{s} = \frac{11,2}{60}\,\frac{m^3}{s}$.

Überfahrene Fläche pro Sekunde: $\frac{A}{t} = v \cdot b = 3,36\,\frac{km}{h} \cdot 5\,m = \frac{3,36}{3,6s}\,m \cdot 5,00\,m$.

$$h = \frac{\frac{V}{t}}{\frac{A}{t}} = \frac{V}{t} \cdot \frac{t}{A} = \frac{11,2 \cdot 3,6}{60 \cdot 3,36 \cdot 5,00}\,m = 0,04\,m \approx 4,0\,cm.$$

Lösung: Die Dicke der Schaumschicht beträgt 4,0 cm.
Anmerkung: Das Beispiel zeigt, dass es zweckmäßig ist, die Rechnung auf einem Bruchstrich durchzuführen, ohne vorher die die Zwischenergebnisse zu berechnen. Durch geeignetes Kürzen vereinfacht sich der Bruch oft so, dass man ihn im Kopf lösen kann. Zur Verschäumung von 7 ist zu bemerken, dass 7 bereits einen mittleren Wert dargestellt, da in der Praxis die Verschäumung von Druck, Wasserhärte, Temperatur, Beschaffenheit und Alter des Schaummittels etc. abhängt. Eine genauere Angabe (wie z. B. 6,7) ist daher technisch unsinnig.

3 Vermischte Aufgaben und zugehörige Lösungen

3.6 Aufgabe Kräfte

In ▶ Bild 57 ist ein Anwendungsbeispiel für die Kräftezerlegung einer Kraft mit dem Kräfteparallelogramm dargestellt. Wir haben ein Gewicht, z. B. ein verunglückter Lkw, der über zwei Seile von zwei Autokränen gehalten wird. Die Ausgangskraft in diesem Beispiel ist die Gewichtskraft F_G des Lkw mit der Masse m. Diese Gewichtskraft wird nun auf die beiden Seile übertragen. Es handelt sich hier lediglich um Zugkräfte, da Seile bekannter Weise weder Biegemomente noch Druckkräfte aufnehmen können.

Wie sich die Gewichtskraft in zwei Zugkräfte (F_{S1} und F_{S2}) aufteilt, kann man grafisch mit Hilfe des Kräfteparallelogramms ermitteln. Man kann z. B. einen Maßstab von 1 *cm* pro 20 *kN* wählen. Wie diese Kräftezerlegung aussieht, ist in der Grafik schön dargestellt. Hierzu sei noch angemerkt, dass die Gegenkraft zur Gewichtskraft – die Haltekraft F_H – dargestellt wurde, um das Kräfteparallelogramm zu zeichnen.

Lösung: In diesem Beispiel gelten dann folgende Werte für die Kräfte:

$F_H = 1{,}3 \cdot 20\,kN = 26\,kN,$
$F_{S1} = 1 \cdot 20\,kN = 20\,kN,$
$F_{S2} = 0{,}7 \cdot 20\,kN = 14\,kN.$

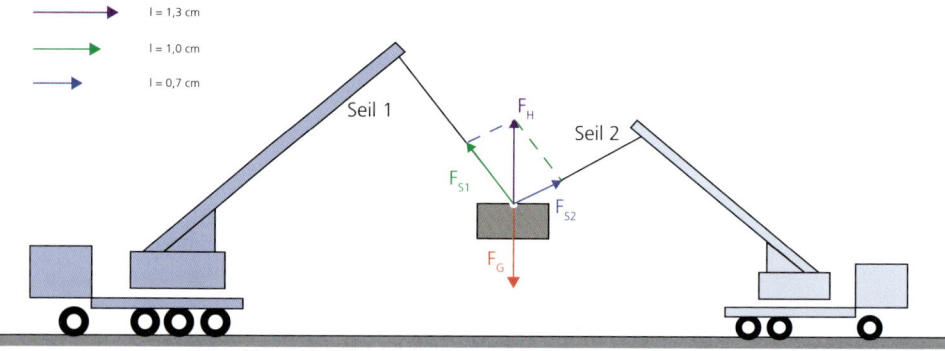

Bild 57:   *Grafische Lösung zur Aufteilung der Gewichtskraft (vgl. Maschinenbau-Wissen, o. A)*

3.7 Aufgaben Druck

Aufgabe:
Der Stempel eines hydraulischen Hebers übt mit einem ölbeaufschlagten Querschnitt von 60 mm Durchmesser eine Kraft von 100 kN aus. Welcher Öldruck herrscht in dem hydraulischen Heber?

$$p = \frac{F}{A} = \frac{F}{r^2 \cdot \pi} = \frac{100\,000\,N}{(0{,}030\,m \cdot 0{,}030\,m \cdot 3{,}14)} = \frac{100\,000\,N}{0{,}000\,9\,m^2 \cdot 3{,}14}$$

$$\approx 35\,385\,704{,}18\,\frac{N}{m^2} \approx 3{,}5 \cdot 10^7\,\frac{N}{m^2} = 3{,}5\,bar.$$

Lösung: Es herrscht ein Druck von 3,5 bar.

Aufgabe:
Pound-force per square inch oder pounds per square inch (*psi* oder p. s. i.) ist eine im angloamerikanischen Raum verwendete Maßeinheit für Druck. Sie gehört nicht zum internationalen Einheitensystem (SI). Ein *psi* ist definiert als der Druck, den die Gewichtskraft einer Masse von einem angloamerikanischen Pfund (*lb*) bei Normalbeschleunigung auf eine Fläche von einem Quadratzoll ausübt. Ein Alltagsbeispiel für die praktische Anwendung der Einheit ist die Angabe des Reifendrucks. In der Wissenschaft wird meist die SI-Einheit Pascal verwendet. Welchem Druck entspricht die englische Druckangabe 35 *psi*?

Es gilt:

$1\,pound = 454\,g$, $1\,inch = 2{,}54\,cm$, $1\,square\,inch = 2{,}54^2\,cm^2 = 6{,}451\,6\,cm^2$, $1\,bar = 10^5\,\frac{N}{m^2}$.

Mit der Normalbeschleunigung $g = 9{,}81\,\frac{m}{s^2}$ und der Umwandlung von g in kg ergibt sich:
Behauptungssatz (hier zgl. auch Folgerungssatz):

$$1\,psi = \frac{0{,}454\,kg \cdot 9{,}81\,\frac{m}{s^2}}{6{,}451\,6\,cm^2} = \frac{4{,}453\,74\,N}{6{,}451\,6\,cm^2} \cdot \frac{10^4\,cm^2}{1\,m^2} \cdot \frac{bar}{10^5\,\frac{N}{m^2}} \approx 0{,}069\,0\,bar.$$

Schlusssatz: $35\,psi = 35 \cdot 0{,}069\,0\,bar = 2{,}415\,bar \approx 2{,}4\,bar.$

Lösung: 35 *psi* entsprechen 2,4 *bar*.

3 Vermischte Aufgaben und zugehörige Lösungen

3.8 Aufgaben Arbeit/Leistung/Wirkungsgrad

Aufgabe:
Eine Feuerlöschkreiselpumpe FPN 10-2000 füllt ein 18 m hoch liegendes Becken mit 180 m³ Wasser. Berechne die Arbeit.

$$F_G = V \cdot \rho \cdot g = 180\,000\,dm^3 \cdot 1\,\frac{kg}{dm^3} \cdot 9{,}81\,\frac{m}{s^2} = 1\,765\,800\,N,\ h = 18\,m.$$

$$W = F_G \cdot h = 1\,765\,800\,N \cdot 18\,m = 31\,784\,400\,Nm = 3\,178\,440\,J$$

$$= 31\,784\,400\,Ws = 31\,784\,400 \cdot \frac{1\,h}{3\,600\,s}\,Ws = 8\,829\,Wh \approx 8{,}8\,kWh.$$

Lösung: Es werden 8,8 kWh an Arbeit geleistet.

Aufgabe:
Ein Lkw mit einem Gesamtgewicht von $m = 24\,t$ fährt zu einer Baustelle in 3,00 km Entfernung. Die Steigung der Straße beträgt 6 % und er fährt mit einer Geschwindigkeit von $v = 30\,\frac{km}{h}$.

a) Wie groß ist die Steigleistung des Fahrzeugmotors in MW?
b) Und welche Hubarbeit wurde am Ende der Strecke geleistet?

Zu a)

$$P_{steig} = F_G \cdot v_{steig} = m \cdot g \cdot v_{Steig} = \frac{m \cdot g \cdot v \cdot 6}{100}$$

$$= \frac{24\,000 \cdot 9{,}81 \cdot 30\,000 \cdot 6}{3\,600 \cdot 100}\frac{kg \cdot m \cdot m}{s^2 \cdot s} = 40 \cdot 9{,}81 \cdot 300\,\frac{Nm}{s}$$

$$= 117\,720\,W = 117{,}72\,kW \approx 0{,}12\,MW.$$

Lösung: Die Steigleistung beträgt 0,12 MW.
Anmerkung: Die Steiggeschwindigkeit v_{steig} beträgt nur 6 % von der horizontalen Geschwindigkeit v.

Zu b)
Die Steigung beträgt 6 %. Daraus folgt, dass der Lkw folgende Höhendifferenz zurücklegt:

$$h = 3\,km \cdot \frac{6}{100} = \frac{3\,000 \cdot 6}{100}\,m = 180\,m.$$

$$W_{Hub} = m \cdot g \cdot h = 24\,000\,kg \cdot 9{,}81\,\frac{m}{s^2} \cdot 180\,m = 42\,379\,200\,J \approx 42\,MJ.$$

Lösung: Der Lkw leistet eine Hubarbeit von 42 MJ.

3.8 Aufgaben Arbeit/Leistung/Wirkungsgrad

Aufgabe:
a) Welche Arbeit verrichtet eine FPN 10-2000 bei Nennleistung in 4 Stunden 20 Minuten?
b) Welche Antriebsleistung ist erforderlich, wenn die Pumpe 88 % ihrer Nennleistung abgibt und einen Wirkungsgrad von 66 % besitzt?

Zu a)

Förderstrom: $[Q] = \left[\frac{V}{t}\right] = \frac{l}{min}$.

Nennförderleistung: $Q_{nenn} = \frac{V}{t} = 2\,000\,\frac{l}{min}$ bei 10 bar.

$W = F_G \cdot h = m \cdot g \cdot h = Q_{nenn} \cdot t \cdot \rho \cdot g \cdot h$

$= 2\,000\,\frac{l}{min} \cdot 260\,min \cdot 1\,\frac{kg}{l} \cdot 9{,}81\,\frac{m}{s^2} \cdot 100\,m = 510\,120\,000\,\frac{kg \cdot m}{s^2} \cdot m$

$= 510\,120\,000\,J = 510\,MJ$.

Lösung: Es werden 510 MJ verrichtet.

Zu b)

$P = \frac{W}{t}$.

$P_{ein} = \frac{P_{aus} \cdot 0{,}88}{\eta}$

$= 2\,000\,\frac{l}{60\,s} \cdot 1\,\frac{kg}{l} \cdot 100\,m \cdot 9{,}81\,\frac{m}{s^2} \cdot \frac{0{,}88}{0{,}66} = 43\,600\,W = 43{,}6\,kW$.

Lösung: Es wird eine Antriebsleistung von 43,6 kW benötigt.

Aufgabe:
Ein Kesselwagen von $m = 38{,}25\,t$ Gesamtgewicht (= Masse) muss eine Strecke $s = 60{,}5\,m$ weit verschoben werden. Die Reibungskraft, die zum Verschieben benötigt wird, berechnet sich aus der Gewichtskraft nach folgender Formel:

$F_R = \mu \cdot F_G$ mit $\mu = 0{,}01$ für Rollreibung Stahl auf Stahl.

Welche Arbeit wird beim Verschieben verrichtet?

$W = F_R \cdot s = 38\,250\,kg \cdot 9{,}81\,\frac{m}{s^2} \cdot 0{,}01 \cdot 60{,}5\,m = 227\,015\,Nm \approx 227\,kJ$.

Lösung: Es werden 227 kJ verrichtet.

Wenn wir für $g = 10\,\frac{m}{s^2}$ einsetzen, ändert sich das Ergebnis folgendermaßen:

$$W = F_R \cdot s = 38\,250\,kg \cdot 10\,\frac{m}{s^2} \cdot 0{,}01 \cdot 60{,}5\,m = 231\,412\,Nm$$
$$\approx 23 \cdot 10^1\,kNm = 23 \cdot 10^1\,kJ.$$

Da wir jetzt g nur mit zwei Stellen angegeben haben, kann man im Ergebnis auch nur zwei signifikante Stellen angeben.

Der grob ermittelte Fehler gegenüber der ersten Rechnung beträgt:

$$F = \frac{230 - 227}{227} = 0{,}013 \approx 1\,\%.$$

Aufgabe:

In ▶ Kapitel 2.1.10 wurde die hydraulische Nennleistung $P_h = 17\,kW$ einer PFPN 10-1000 errechnet. Wenn wir davon ausgehen, dass die betrachtete Pumpe als Arbeitsmaschine mit Verlusten arbeitet (Reibungsverluste, Stoßverluste, Spaltverluste), muss der Antriebsmotor eine größere Leistung an die Pumpenwelle abgeben. Wenn man von einem Wirkungsgrad von 65 % ausgeht, soll die Leistung P_{ein} der Antriebsmaschine berechnet werden.

$$P_{ein} = \frac{P_h}{0{,}65} = \frac{17}{0{,}65}\,kW = 26{,}15\,kW \approx 26\,kW.$$

Lösung: Die Antriebsleitung muss $26\,kW$ betragen.

Aufgabe:

Wie groß ist der Wirkungsgrad einer Pumpe, die in zwei Stunden $480\,m^3$ Wasser $75\,m$ hoch fördert und mit $77\,kW$ angetrieben wird?

$$\eta = \frac{P_{aus}}{P_{ein}}.$$

$$P_{aus} = \frac{V}{t} \cdot \rho \cdot g \cdot h = \frac{480\,m^3}{7\,200\,s} \cdot 1\,000\,\frac{kg}{m^3} \cdot 9{,}81\,\frac{m}{s^2} \cdot 75\,m$$
$$= \frac{480 \cdot 1\,000 \cdot 9{,}81 \cdot 75}{7\,200}\,\frac{Nm}{s} = 49{,}050\,kW.$$

$$\eta = \frac{49{,}050\,kW}{77\,kW} = 0{,}637 \approx 0{,}64 = 64\,\%.$$

Lösung: Der Wirkungsgrad der Pumpe beträgt 64 %.

3.9 Aufgaben Drehmomente

Aufgabe:
Ein Getriebe hat einen Wirkungsgrad 0,92 oder 92 %. Das bedeutet, dass pro 1,0 kW am Getriebeeingang lediglich 0,92 kW am Getriebeausgang zur Verfügung stehen. Es gilt:

$$\eta = \frac{P_{aus}}{P_{ein}} = 0{,}92.$$

Welche Eingangsleistung muss am Getriebe anliegen, um eine Ausgangsleistung von 2,0 kW zu erhalten?

$$P_{ein} = \frac{P_{aus}}{\eta} = \frac{2{,}0\,kW}{0{,}92} \approx 2{,}2\,kW.$$

Lösung: Es müssen 2,2 kW Eingangsleistung zur Verfügung stehen.

3.9 Aufgaben Drehmomente

Aufgabe:
Ein Sicherheitsventil hat die in ▶ Bild 58 dargestellte Anordnung. In welche Raste muss das Gegengewicht G eingehängt werden, damit das Ventil bei einem Dampfdruck von $p = 20\,bar$ öffnet?

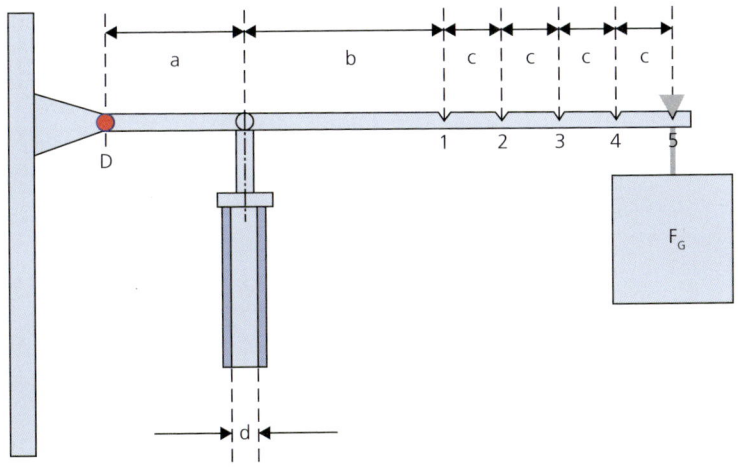

Bild 58: *Schematische Darstellung eines einstellbaren Sicherheitsventils*

$a = 15\,cm$, $b = 41\,cm$, $c = 10\,cm$, Innendurchmesser der Leitung $d = 20\,mm$, $m_g = 10{,}0\,kg$.

Kraft F, die auf den Rohrquerschnitt wirkt:

$$F = p \cdot A = p \cdot r^2 \cdot \pi = 20 \cdot 10^5 \frac{N}{m^2} \cdot 0{,}010\,m \cdot 0{,}010\,m \cdot 3{,}14 = 628\,N.$$

Die Kraft F wirkt am Hebelarm a linksdrehend. Die Gewichtskraft des Gegengewichts F_G wirkt am Hebelarm l (Abstand vom Drehpunkt zur Raste) rechtsdrehend. Das Ventil öffnet dann, wenn die Kräfte gleich sind.

$$F \cdot a = F_G \cdot l,$$

$$l = \frac{F \cdot a}{F_G} = \frac{628\,N \cdot 15{,}0\,cm}{10{,}0\,kg \cdot 9{,}81\,\frac{m}{s^2}} \approx 96{,}0\,cm.$$

Wir kennen jetzt den Abstand l, den das Gewicht der Masse m vom Drehpunkt D haben muss, und können damit die Raste berechnen:

$96\,cm - 15\,cm - 41\,cm = 40\,cm.$

$40\,cm \stackrel{\triangle}{=} 4 \cdot c.$

Lösung: Das Gewicht ist in die Raste 5 einzuhängen.

Aufgabe:

Ein Lkw mit 18 t Gesamtgewicht (= Masse) ist beim Befahren einer Kurve mit den kurveninneren Rädern auf den Bordstein geraten. Dadurch hat sich die Ladung verschoben und der Gesamtschwerpunkt ist in die gezeichnete Lage gewandert (▶ Bild 59). Dort greift die Zentrifugalkraft (= Fliehkraft) F_{zentr} mit $15\,kN$ an. $a = 2{,}10\,m$, $b = 20\,cm$. Kippt der Lkw um?

Damit der Lkw nicht umfällt, muss das rechtsdrehende Drehmoment größer als das linksdrehende Drehmoment sein.

3.9 Aufgaben Drehmomente

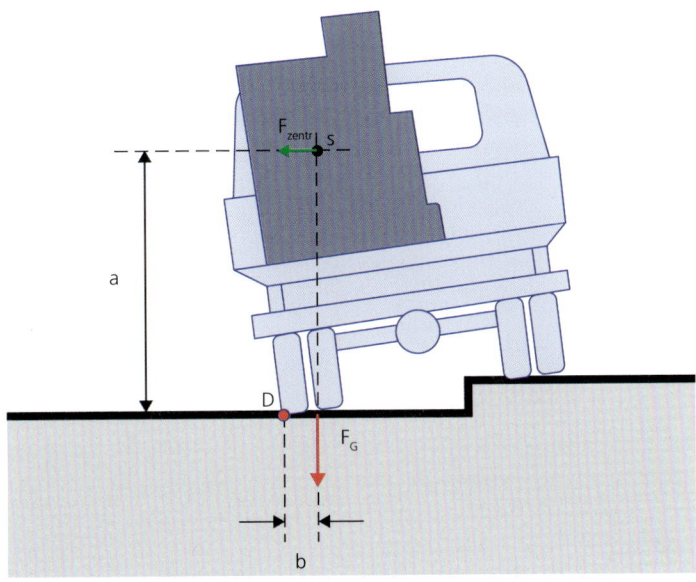

Bild 59: *Lkw bei Kurvenfahrt*

$M_{rechts} = F_G \cdot b = 18\,000\,kg \cdot 9{,}81\,\frac{m}{s^2} \cdot 0{,}20\,m = 35\,316\,Nm \approx 35\,kNm.$

$M_{links} = F_{zentr} \cdot a = 15\,kN \cdot 2{,}10\,m = 31{,}5\,kNm \approx 32\,kNm.$

Lösung: Das rechtsdrehende Moment ist größer, d.h. der Lkw kippt nicht.

3 Vermischte Aufgaben und zugehörige Lösungen

Aufgabe:
Das Gewicht des in ▶ Bild 60 dargestellten Absetzkippers beträgt $m_1 = 10\,t$ und greift im Schwerpunkt S_1 an. Die gefüllte Mulde wiegt $m_2 = 8,0\,t$.
$a = 1,75\,m$, $b = 3,30\,m$, $c = 1,35\,m$.

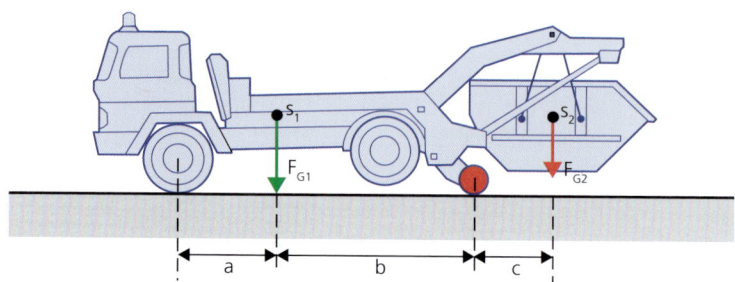

Bild 60: *Absetzkipper mit Mulde*

Berechne:
- a) die Belastung der Vorderachse und
- b) die Belastung der Stützrollen.

Zu a)
Zur Berechnung der Vorderachslast $m_{vorderachse}$ (= Masse, deren Gewichtskraft auf die Vorderachse wirkt) denken wir uns den Drehpunkt bei den Stützrollen.
  Die beiden Drehmomente $M_1 = F_{G1} \cdot b$ (Absetzkipper) und $M_2 = F_{G2} \cdot c$ (Mulde) wirken entgegengesetzt und als resultierendes Drehmoment $M_{vorderachse}$ ergibt sich:

$$M_1 - M_2 = m_1 \cdot g \cdot b - m_2 \cdot g \cdot c = M_{vorderachse} = m_{vorderachse} \cdot g \cdot (a+b).$$

$$m_{vorderachse} = \frac{m_1 \cdot b - m_2 \cdot c}{a+b} = \frac{10\,t \cdot 3,30\,m - 8,0\,t \cdot 1,35\,m}{1,75\,m + 3,30\,m}$$

$$= \frac{33,0 - 10,8}{5,05\,m} t \cdot m \approx 4,4\,t.$$

Lösung: Die Vorderachslast $m_{vorderachse}$ beträgt $4,4\,t$.

Zu b)
Zur Berechnung der Stützrollenbelastung $m_{stütz}$ denken wir uns den Drehpunkt bei der Vorderachse. Jetzt wirken die Drehmomente M_1 (Absetzkipper) und M_2 (Mulde) in die gleiche Richtung.

3.9 Aufgaben Drehmomente

Es gilt daher:

$$M_1 + M_2 = m_1 \cdot g \cdot a + m_2 \cdot g \cdot (a+b+c) = M_{stütz} = m_{stütz} \cdot g \cdot (a+b).$$

$$m_{stütz} = \frac{m_1 \cdot a + m_2 \cdot (a+b+c)}{a+b} = \frac{10\,t \cdot 1{,}75\,m + 8{,}0\,t \cdot 6{,}40\,m}{1{,}75\,m + 3{,}30\,m}$$

$$= \frac{17{,}5 + 51{,}2}{5{,}05}\,t \approx 14\,t.$$

Die Stützrollenbelastung kann man auch anhand folgender Überlegung errechnen:

$$m_1 + m_2 = m_{vorderachse} + m_{stütz},$$

$$m_{stütz} = m_1 + m_2 - m_{vorderachse} = 10\,t + 8\,t - 4{,}4\,t = 13{,}6\,t \approx 14\,t.$$

Lösung: Die Stützräder nehmen eine Last von 14 t auf.

Aufgabe:

In der gezeichneten Anordnung in ▶ Bild 61 hebt ein Kranwagen eine Last von $m_2 = 8{,}0\,t$. Sein Eigengewicht greift am Schwerpunkt S_1 an. Er hat eine Masse von $m_1 = 22\,t$. Berechne den Achsdruck der Vorderachse

    a) ohne Stützrollen,

    b) mit Stützrollen.

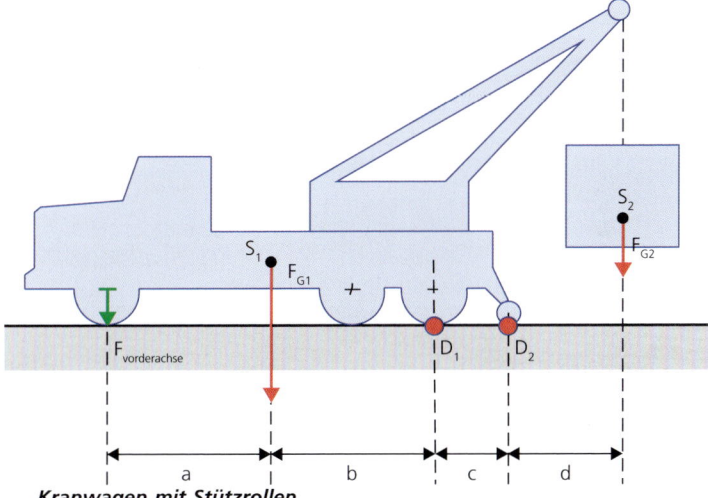

Bild 61: *Kranwagen mit Stützrollen*

$a = 2{,}6\,m$, $b = 2{,}5\,m$, $c = 1{,}1\,m$, $d = 2{,}0\,m$.

Zu a)

Nach rechts dreht die Last F_{G2} am Hebelarm $c+d$ um den Drehpunkt D_1. Nach links dreht das Gewicht F_{G1} am Hebelarm b. Da das Drehmoment des Krangewichts größer sein muss, ansonsten würde der Kran nach hinten abkippen, verbleibt ein überschüssiges linksdrehendes Moment. Dieses Moment wird mit dem Hebelarm $a+b$ an der Vorderachse auf den Boden übertragen. Um die auf die Achse wirkende Kraft bzw. Achslast zu erhalten, teilt man das Drehmoment durch den Hebelarm. Es gilt:

$$F_{vorderachse} \cdot (a+b) = F_{G1} \cdot b - F_{G2} \cdot (c+d) \quad |:g,$$

$$m_{vorderachse} \cdot (a+b) = m_1 \cdot b - m_2 \cdot (c+d) \quad |:(a+b),$$

$$m_{vorderachse} = \frac{m_1 \cdot b - m_2 \cdot (c+d)}{a+b}.$$

Jetzt kann man die Zahlenwerte einsetzen:

$$m_{vorderachse} = \frac{22\,t \cdot 2{,}5\,m - 8{,}0\,t \cdot (1{,}1\,m + 2{,}0\,m)}{2{,}6\,m + 2{,}5\,m} = \frac{55 - 24{,}8}{5{,}1}\,t \approx 5{,}9\,t.$$

Lösung: Auf der Vorderachse wirkt die Masse von 5,9 t.

Zu b)

Jetzt wird der Punkt D_2 zum Drehpunkt und es ändern sich die Hebelarme.

$$F_{vorderachse} \cdot (a+b+c) = F_{G1} \cdot (b+c) - F_{G2} \cdot d \quad |:g,$$

$$m_{vorderachse} \cdot (a+b+c) = m_1 \cdot (b+c) - m_2 \cdot d \quad |:(a+b+c),$$

$$m_{vorderachse} = \frac{m_1 \cdot (b+c) - m_2 \cdot d}{a+b+c}.$$

Jetzt kann man wieder die Zahlenwerte einsetzen:

$$m_{vorderachse} = \frac{22\,t \cdot (2{,}5\,m + 1{,}1\,m) - 8{,}0\,t \cdot 2{,}0\,m}{2{,}6\,m + 2{,}5\,m + 1{,}1\,m} = \frac{79{,}2 - 16{,}0}{6{,}2}\,t \approx 10\,t.$$

Lösung: Es wirken 10 t auf die Vorderachse.

Anmerkung: Der mit Stützrollen errechnete Wert für die Vorderachse ist zu hoch, da die Hinterachsen ebenfalls einen unbekannten Teil des linksdrehenden Moments der Gewichtskraft aufnehmen. Dies wird aber bei dieser Betrachtung vernachlässigt.

3.10 Aufgaben Auftriebskraft

Aufgabe:
Ein Feuerwehrtaucher benutzt ein Tauchgerät, das 1 600 l Atemluft in komprimierter Form enthält. Er beschwert sich mit Bleigewicht so, dass er mit dem vollen Gerät gerade im Wasser schwebt. Die Dichte von Feuerwehrtaucher und Ausrüstung wird einheitlich mit $1\frac{kg}{dm^3}$ angesetzt. 1,0 l Luft wiegt 1,3 g, d. h. die Dichte des Luftvolumens in den Atemluftflaschen beträgt $0{,}0013\,\frac{kg}{dm^3}$. Welche Auftriebskraft erfährt der Feuerwehrtaucher, wenn er die Hälfte seiner Luft verbraucht hat?

Das Volumen seiner Atemluftflaschen und damit des gesamten betrachteten Systems aus Taucher und Atemluftflaschen bleibt gleich. Die Masse wird hingegen um die Hälfe der Masse der Atemluftflaschen geringer.

Zunächst schwebt der Taucher, d. h. es gilt:

$$F_{auftrieb} = (V_{taucher} \cdot \rho_{wasser} - m_{taucher}) \cdot g = 0.$$

Da das Volumen gleich bleibt, ist die Änderung der Auftriebskraft $F_{auftrieb}$ proportional zur Änderung der Masse des Tauchers:

$$\Delta F_{auftrieb} = (\Delta V_{taucher} \cdot \rho_{wasser} - \Delta m) \cdot g = -\Delta m \cdot g$$
$$= -800\,l \cdot 0{,}0013\frac{kg}{l} \cdot 9{,}81\frac{m}{s^2} = -10{,}2024\,N \approx -10\,N.$$

Lösung: Er erfährt eine Auftriebskraft von 10 N.

Aufgabe:
Ein geschweißter Stahlblechkasten dient als Ponton. Seine Abmessungen sind:
$l = 4{,}1\,m$, $b = 2{,}8\,m$ und $h = 0{,}80\,m$. Er wiegt 1,684 t.
 a) Wie tief taucht er ins Wasser ein?
 b) Mit welchem Gewicht kann man ihn belasten, bis er ganz eintaucht?

Zu a)
Er taucht so tief ein, bis die Auftriebskraft des verdrängten Wassers gleich seiner Gewichtskraft ist. D. h. er muss ein Wasservolumen V_{wasser} verdrängen, das 1,684 t entspricht. Da für Wasser gilt $\rho = 1\frac{kg}{l}$ müssen also 1 684 l verdrängt werden.

$$V_{wasser} = l \cdot b \cdot h = 4{,}1\,m \cdot 2{,}8\,m \cdot h,$$
$$h = \frac{V_{wasser}}{4{,}1\,m \cdot 2{,}8\,m} = \frac{1{,}684\,m^3}{11{,}48\,m^2} = 0{,}1466\,m \approx 15\,cm.$$

Lösung: Der Ponton taucht 15 cm ein.

3 Vermischte Aufgaben und zugehörige Lösungen

Zu b)
Wenn der Ponton ganz eintaucht, erfährt er eine Auftriebskraft von der Größenordnung

$$F_{auftrieb} = \left(V_{ponton} \cdot \rho_{wasser} - m_{ponton}\right) \cdot 9{,}81 \frac{m}{s^2}$$

$$= \left(l \cdot b \cdot h \cdot \rho_{wasser} - m_{ponton}\right) \cdot 9{,}81 \frac{m}{s^2}$$

$$= \left(4{,}1 \cdot 2{,}8 \cdot 0{,}80\, m^3 \cdot 1\frac{t}{m^3} - 1{,}684\, t\right) \cdot 9{,}81 \frac{m}{s^2}$$

$$= (9{,}814 - 1{,}684) \cdot t \cdot 9{,}81 \frac{m}{s^2}$$

$$= 8{,}13\, t \cdot 9{,}81 \frac{m}{s^2} = 79{,}755\,3\, kN \approx 80\, kN.$$

Lösung: Der Ponton kann mit einer Gewichtskraft von $80\, kN$, entsprechend einer Masse von $8{,}13\, t$ belastet werden, bevor er ganz eintaucht.

3.11 Aufgaben Mechanik von Gasen

Aufgabe:
$6{,}0\, m^3$ Stickstoff von atmosphärischen Druck werden in eine Druckgasflasche eingefüllt. Dazu ist ein Druck von $150\, bar$ notwendig. Wie groß ist das Volumen der Druckgasflasche?

$$V_1 = 6\, m^3 = 6\,000\, l,\ p_1 = 1\, bar,\ p_2 = 150\, bar.$$

$$p_1 \cdot V_1 = p_2 \cdot V_2,$$

$$V_2 = \frac{p_1 \cdot V_1}{p_2} = \frac{1\, bar \cdot 6\,000\, l}{150\, bar} = 40\, l.$$

Lösung: Das Volumen der Druckgasflasche beträgt $40\, l$.

Aufgabe:
In einer Spraydose herrscht ein Druck von $2\, bar$. Aufgrund der Einwirkung einer Kraft wird die Dose eingebeult und ihr Volumen um $\frac{1}{3}$ verkleinert.
Welcher Druck herrscht in der verbeulten Dose?

3.11 Aufgaben Mechanik von Gasen

$V_2 = \frac{2}{3} V_1$, $p_1 = 2\,bar$.

$p_1 \cdot V_1 = p_2 \cdot V_2$,

$p_2 = \frac{p_1 \cdot V_1}{V_2} = \frac{p_1 \cdot V_1}{\frac{2}{3} V_1} = \frac{3}{2} \cdot p_1 = \frac{3}{2} \cdot 2\,bar = 3\,bar$.

Lösung: Durch die Einbeulung beträgt der Druck in der Sprühdose 3 *bar*. D. h. es kam zu einem Druckanstieg von 1 *bar*.

Anmerkung: Bei diesem Beispiel ist der ursprüngliche Inhalt der Dose ohne Bedeutung für die Berechnung, da das Verhältnis der beiden Volumina angegeben ist.

Aufgabe:
Mit einer Pressluftflasche von 6,0 *l* Inhalt und einem Fülldruck von 280 *bar* wird der Wulstring eines 10 000 *l*-Behälter aufgeblasen. Der Ring hat ein Volumen von 820 *l*. Welcher Druck herrscht im Ring?

$p_1 \cdot V_1 = p_2 \cdot V_2$ mit $p_1 = 280\,bar$, $V_1 = 6\,l$ und $V_2 = 826\,l$.

$p_2 = \frac{p_1 \cdot V_1}{V_2} = \frac{280\,bar \cdot 6\,l}{826\,l} = 2{,}033\,bar \approx 2{,}0\,bar$.

Lösung: Es herrscht ein Druck von 2,0 *bar* in dem Wulstring.
Anmerkung: Für das Volumen V_2 muss das Volumen des Wulstringes zusammen mit dem Flaschenvolumen angesetzt werden, da beim Füllen beide Volumen verbunden werden.

Aufgabe:
Eine Atemluftflasche erwärmt sich beim Füllen auf eine Temperatur von 60,0° Celsius. Bei dieser Temperatur zeigt der Druckmesser einen Flaschendruck von 310 *bar* an. Welcher Druck wird beim Abkühlen der Flasche auf eine Temperatur von 20,0° Celsius gemessen?
Es gilt:

$p_1 \cdot T_1 = p_2 \cdot T_2 = $ konstant,

$p_2 = \frac{p_1 \cdot T_2}{T_1}$.

Nun müssen die beiden Temperaturen in Kelvin umgerechnet werden. Hier reicht es, wenn man vereinfacht 273 zum Celsiuswert addiert.

$T_1 = (273 + 60)\,K = 333\,K$ und $T_2 = (273 + 20)\,K = 293\,K$.

$p_2 = \dfrac{p_1 \cdot T_2}{T_1} = 310\,bar \cdot \dfrac{293}{333} = 272{,}76\,bar \approx 273\,bar$.

Lösung: Es herrscht ein Druck von 273 bar.

3.12 Aufgabe Wärmefreisetzung beim Verbrennungsvorgang

Ein Flur von 32 m Länge, 1,80 m Breite und 3 m Höhe ist an den Wänden und der Decke mit 0,50 mm dicken Holzfurnier ausgekleidet. Die Türen werden bei dieser Berechnung vernachlässigt. Welcher Wärmeinhalt steckt in dieser Auskleidung, wenn das Holz einen Heizwert von 17 $\frac{MJ}{kg}$ und eine Dichte von 0,75 $\frac{kg}{dm^3}$ hat?

Wir berechnen das Volumens des Holzes, indem wir erst einmal die furnierte Flächen berechnen und dann mit der Dicke des Furniers multiplizieren.

$A = 2 \cdot 32\,m \cdot 3\,m + 32\,m \cdot 1{,}8\,m + 2 \cdot 1{,}8\,m \cdot 3\,m$
$ = 192\,m^2 + 57{,}6\,m^2 + 10{,}8\,m^2 = 260{,}4\,m^2$.

$V = A \cdot h = 26\,040\,dm^2 \cdot 0{,}005\,dm = 130{,}2\,dm^3$

Masse des Holzes:

$m = V \cdot \rho = 130{,}2\,dm^3 \cdot 0{,}75\,\dfrac{kg}{dm^3} = 97{,}65\,kg$.

Wärmeinhalt:

$Q = m \cdot H_i = 97{,}65\,kg \cdot 17\,\dfrac{MJ}{kg} = 1\,660{,}05\,MJ \approx 1{,}7\,GJ \approx 0{,}47\,MWh$

mit $1\,MJ = \dfrac{1}{3{,}6}\,kWh$.

Lösung: Es werden 1,7 GJ freigesetzt.

Anmerkung: Dünne Furniere auf nichtbrennbarer Trägerplatte erreichen die Klassifikation »nichtbrennbar« (Baustoffklasse A2).

Danksagung

Wie immer, wenn ein Projekt umgesetzt wird, habe viele Menschen aus der Umgebung eines Autors einen großen Anteil am Gelingen. So war es auch bei dem Erstellen dieses Fachbuches.

Ich möchte an dieser Stelle allen meinen Dank aussprechen, die mich in schwierigen Phasen mit Rat und Ermunterung unterstützen. Besonders möchte ich mich bei Andreas H. Karsten und meiner Tochter Sophie Wachtel bedanken, die mir einen Teil Ihrer kostbaren Zeit schenkten und das Fachbuch aufmerksam und kritisch gegengelesen haben.

Literaturverzeichnis

Bolesch, Rainer/Schrag, Karl (2000): Selbstrettung aus der Gletscherspalte, in: DAV Panorma, 3/2000, S. 84-86.

Carl von Ossietzky Universität Oldenburg (o. A.): Physik-Praktikum für Studierende des Studiengangs Bachelor-Chemie WS 2020-21, abrufbar unter: https://uol.de/f/5/inst/physik/ag/physikpraktika/download/CPR/WiSe/Versuch-1_Praktikum-Physik-fuer-Chemiker_2020_21.pdf, letzter Zugriff: 17.12.2021.

Carl-Engler-Schule Karlsruhe (o. A.): Messunsicherheit.

Chemie.de (o. A.[1]): Normalbedingungen, abrufbar unter: https://www.chemie.de/lexikon/Normalbedingungen.html, letzter Zugriff: 20.12.2021.

Chemie.de (o. A.[2]): Atommasse, abrufbar unter: https://www.chemie.de/lexikon/Atommasse.html, letzter Zugriff: 16.10.2021.

Chemie.de (o. A.[3]): Liste der Dichte gasförmiger Stoffe, abrufbar unter: https://www.chemie.de/lexikon/Liste_der_Dichte_gasf%C3%B6rmiger_Stoffe.html, letzter Zugriff: 21.12.2021.

Deutsches Institut für Normung: DIN 1304-1:1994-03, Formelzeichen; Allgemeine Formelzeichen, Beuth-Verlag, 1994.

Deutsches Institut für Normung: DIN 1333:1992-02, Zahlenangaben, Beuth-Verlag, 1992.

Duden (2021[1]): Natürliche Zahlen einfach erklärt, abrufbar unter: https://learnattack.de/mathematik/natuerliche-zahlen, letzter Zugriff: 24.10.2021.

Duden (2021[2]): Trigonometrische Funktionen einfach erklärt, abrufbar unter: https://learnattack.de/mathematik/trigonometrische-funktionen, letzter Zugriff: 30.08.2021.

Feuerwehr-Dienstvorschrift 7 (FwDV 7): Atemschutz, erstellt durch die Arbeitsgruppe Feuerwehr-Dienstvorschriften vom Ausschuss Feuerwehrangelegenheiten, Katastrophenschutz und zivile Verteidigung (AFKzV), Stand 2002, 4. Auflage 2018, Kohlhammer-Verlag.

Flurl, Benedikt (o. A.): Strömungslehre, abrufbar unter: https://www.leifiphysik.de/mechanik/stroemungslehre/grundwissen/kontinuitaetsgleichungen, letzter Zugriff: 13.10.2021.

GeoGebra (o. A.): Equazione di Bernoulli – Equazione di continuità, online abrufbar unter: https://www.geogebra.org/m/sepaktjt, letzter Zugriff: 04.04.2023.

Grotz, Bernhard (2018): Grundwissen Physik (Release 0.4.4 c), abrufbar unter: Physik – Grundwissen Physik (grund-wissen.de), letzter Zugriff: 20.12.2021.

Hamburger Abendblatt (2011): Warum sind eigentlich alle Planeten rund?, abrufbar unter: https://www.abendblatt.de/ratgeber/wissen/article107968184/Warum-sind-eigentlich-alle-Planeten-rund.html (10.03.2011, 06:54), letzter Zugriff: 01.09.2021.

Kapiert.de (o. A.[1]): Lineare Gleichungen lösen 2. Das Waage-Modell, abrufbar unter: https://www.kapiert.de/mathematik/klasse-7-8/terme-gleichungen/lineare-gleichungen-loesen/lineare-gleichungen-loesen-2/, letzter Zugriff: 04.04.2023.

Kapiert.de (o. A.[2]): Volumen der Kugel berechnen, abrufbar unter: https://www.kapiert.de/mathematik/klasse-9-10/geometrie/kugel/volumen-der-kugel-berechnen/, letzter Zugriff: 04.04.2023.

LernHelfer (2010[1]): Massepunkt und starrer Körper, abrufbar unter: https://www.lernhelfer.de/schuelerlexikon/physik-abitur/artikel/massepunkt-und-starrer-koerper (Stand 2010), letzter Zugriff: 03.10.2021.

LernHelfer (2010[2]): Wärmeleitung, abrufbar unter: https://www.lernhelfer.de/schuelerlexikon/chemie/artikel/waermeleitung (Stand 2010), letzter Zugriff: 21.12.2021.

LernHelfer (o. A.[1]): Temperatur und Teilchenbewegung, abrufbar unter: https://www.lernhelfer.de/schuelerlexikon/physik-abitur/artikel/temperatur-und-teilchenbewegung, letzter Zugriff: 20.12.2021.

LernHelfer (o. A.[2]): Anomalie des Wassers, abrufbar unter: https://www.lernhelfer.de/schuelerlexikon/physik/artikel/anomalie-des-wassers, letzter Zugriff: 20.12.2021.

Literaturverzeichnis

LernHelfer (o. A.³): Reale Gase und das Modell ideales Gas, abrufbar unter: https://www.lernhelfer.de/schuelerlexikon/physik-abitur/artikel/reale-gase-und-das-modell-ideales-gas, letzter Zugriff: 20.12.2021.

Maschinenbau-Wissen (o. A.): Kräftezerlegung – Zerlegung von Kräften, online abrufbar unter: https://www.maschinenbau-wissen.de/skript3/mechanik/kinetik/276-kraefte-zerlegung, letzter Zugriff: 04.04.2023.

mathe-lexikon.at (2022): Teilbarkeitsregeln, abrufbar unter: https://www.mathe-lexikon.at/arithmetik/natuerliche-zahlen/teilbarkeit/teilbarkeitsregeln.html, letzter Zugriff: 31.12.2022.

mathe online (o. A.): Winkelfunktionen, online abrufbar unter: https://www.mathe-online.at/mathint/wfun/i.html, letzter Zugriff: 31.12.2022.

mein-lernen.at (2021): Teilbarkeitsregeln für natürliche Zahlen Überblick, abrufbar unter: Teilbarkeitsregeln für natürliche Zahlen Überblick (mein-lernen.at), letzter Zugriff: 18.08.2021.

Pedaltreter (2016): Die Tücken und Macken mit den Steigungen, 24. April 2016, online abrufbar unter: https://www.pedaltreter.at/2016/04/24/die-tuecken-und-macken-mit-den-steigungen/, letzter Zugriff: 04.04.2023.

Physik für alle (2021): Formelzeichen, online abrufbar unter: Formelzeichen – Physik-Schule (cosmos-indirekt.de), letzter Zugriff: 19.08.2021.

Physik Libre (2016): Physik Libre. Freies Pysikbuch für die Sekundarstufe II, online abrufbar unter: https://physikbuch.schule/index.html, letzter Zugriff: 04.04.2023.

Rudolph, Dennis (2017): Flaschenzug (lose + fest Rollen), abrufbar unter: https://www.frustfrei-lernen.de/mechanik/flaschenzug-lose-feste-rollen.html (erstellt am 28. Dezember 2017 um 18:51 Uhr), letzter Zugriff: 09.10.2021.

Rudolph, Dennis (2022¹): Zahlenstrahl, abrufbar unter: https://www.frustfrei-lernen.de/mathematik/der-zahlenstrahl.html, letzter Zugriff: 04.04.2023.

Rudolph, Dennis (2022²): Winkeltypen/Winkelarten, abrufbar unter: https://www.frustfrei-lernen.de/mathematik/winkeltypen-winkelarten.html, letzter Zugriff: 04.04.2023.

Salzmann, Wiebke (2009): Druck, Temperatur und Volumen, abrufbar unter: https://wissenstexte.de/physik/ptv.htm, letzter Zugriff: 21.12.2021.

Serlo (o. A.¹): Flächeninhalt eines Dreiecks aus Grundlinie und Höhe berechnen (Herleitung), abrufbar unter: https://de.serlo.org/mathe/36708/fl%C3%A4cheninhalt-eines-dreiecks-aus-grundlinie-und-h%C3%B6he-berechnen-herleitung, letzter Zugriff: 04.04.2023.

Serlo (o. A.²): Sinus, Kosinus und Tangens am Einheitskreis, abrufbar unter: https://de.serlo.org/mathe/1449/sinus-kosinus-und-tangens-am-einheitskreis, letzter Zugriff: 04.04.2023.

Suggitt, Connie (2019): Stadt in Wales erringt Rekordtitel für die steilste Straße der Welt, abrufbar unter: https://www.guinnessworldrecords.de/news/2019/7/welsh-town-claims-title-for-worlds-steepest-street-582452 (© Guinness World Records Limited 2021), letzter Zugriff: 30.08.2021.

Taucherpedia (2019): Druck (Hydrostatischer Druck), abrufbar unter: https://www.taucherpedia.info/wiki/Druck#Hydrostatischer_Druck (zuletzt bearbeitet am 15. November 2019), letzter Zugriff: 24.04.2023.

Wenning, Christian (2021): Ebene Figuren, Juli 2021, abrufbar unter: http://wenning-design.de/kpim/Kapitel/Sonstiges/Formelsammlungen/Ebene-Figuren, letzter Zugriff: 04.04.2023.

Wikibooks (2019): Himmelsgesetze der Bewegung/Kontinuitätsgleichung, online abrufbar unter: https://de.wikibooks.org/wiki/Himmelsgesetze_der_Bewegung/_Kontinuit%C3%A4tsgleichung (zuletzt bearbeitet am 27. Februar 2019 um 13:53 Uhr), letzter Zugriff: 04.04.2023.

Wikipedia (2021¹): Strömungswiderstandskoeffizient, abrufbar unter: https://de.wikipedia.org/wiki/Strömungswiderstandskoeffizient (zuletzt bearbeitet am 11. Juli 2021 um 04:53 Uhr), letzter Zugriff: 18.08.2021.

Wikipedia (2021²): Fuß (Einheit), abrufbar unter: https://de.wikipedia.org/wiki/Fuß_(Einheit) (zuletzt bearbeitet am 12. Juli 2021 um 08:22 Uhr), letzter Zugriff: 27.08.2021.

Wikipedia (2021³): Internationales Einheitensystem, abrufbar unter: https://de.wikipedia.org/wiki/Internationales_Einheitensystem (zuletzt bearbeitet am 13. August 2021 um 18:04 Uhr), letzter Zugriff: 18.08.2021.

Literaturverzeichnis

Wikipedia (2021[4]): Äquivalenzumformung, abrufbar unter: https://de.wikipedia.org/wiki/%C3%84quivalenzumformung (zuletzt bearbeitet am 8. Juni 2021 um 09:56 Uhr), letzter Zugriff: 19.08.2021.

Wikipedia (2021[5]): Proportionalität, abrufbar unter: https://de.wikipedia.org/wiki/Proportionalität (zuletzt bearbeitet am 22. Juli 2021 um 18:36 Uhr), letzter Zugriff 19.08.201.

Wikipedia (2021[6]): Parts per million, abrufbar unter: https://de.wikipedia.org/wiki/Parts_per_million (zuletzt bearbeitet am 28. Dezember 2020 um 20:07 Uhr), letzter Zugriff: 29.08.2021.

Wikipedia (2021[7]): Grad (Winkel), abrufbar unter: https://de.wikipedia.org/wiki/Grad_(Winkel) (zuletzt bearbeitet am 13. Juli 2021 um 19:48 Uhr), letzter Zugriff: 30.08.2021.

Wikipedia (2021[8]): Sexagesimalsystem, abrufbar unter: https://de.wikipedia.org/wiki/Sexagesimalsystem (zuletzt bearbeitet am 3. August 2021 um 16:23 Uhr), letzter Zugriff: 30.08.2021.

Wikipedia (2021[9]): Winkelminiute, abrufbar unter: https://de.wikipedia.org/wiki/Winkelminute (zuletzt bearbeitet am 30. Juli 2021 um 14:02 Uhr), letzter Zugriff: 30.08.2021.

Wikipedia (2021[10]): Ar (Einheit), abrufbar unter: https://de.wikipedia.org/wiki/Ar_(Einheit) (zuletzt bearbeitet am 15. April 2021 um 20:56 Uhr), letzter Zugriff: 30.08.2021.

Wikipedia (2021[11]): Trigonometrie, abrufbar unter: https://de.wikipedia.org/wiki/Trigonometrie (zuletzt bearbeitet am 9. August 2021 um 05:00 Uhr), letzter Zugriff: 30.08.2021.

Wikipedia (2021[12]): Pytagoras, abrufbar unter: https://de.wikipedia.org/wiki/Pythagoras (zuletzt bearbeitet am 29. Juli 2021 um 13:14 Uhr), letzter Zugriff: 30.08.2021.

Wikipedia (2021[13]): Försterdreieck, abrufbar unter: https://de.wikipedia.org/wiki/Försterdreieck (zuletzt bearbeitet am 8. August 2021 um 10:49 Uhr), letzter Zugriff: 30.08.2021.

Wikipedia (2021[14]): Archimedes, abrufbar unter: https://de.wikipedia.org/wiki/Archimedes (zuletzt bearbeitet am 19. August 2021 um 01:35 Uhr), letzter Zugriff 31.08.2021.

Wikipedia (2021[15]): Kreiszahl, abrufbar unter: https://de.wikipedia.org/wiki/Kreiszahl (zuletzt bearbeitet am 27. August 2021 um 22:16 Uhr), letzter Zugriff: 31.08.2021.

Wikipedia (2021[16]): Seifenblase, abrufbar unter: https://de.wikipedia.org/wiki/Seifenblase#Kugelform (zuletzt bearbeitet am 26. August 2021 um 18:24 Uhr) letzter Zugriff: 01.09.2021.

Wikipedia (2021[17]): Irrationale Zahl, abrufbar unter: https://de.wikipedia.org/wiki/Irrationale_Zahl (zuletzt bearbeitet am 19. April 2021 um 23:12 Uhr), letzter Zugriff: 28.09.2021.

Wikipedia (2021[18]): Rundung, abrufbar unter: https://de.wikipedia.org/wiki/Rundung (zuletzt bearbeitet am 27. Juli 2021 um 09:24 Uhr), letzter Zugriff: 28.09.2021.

Wikipedia (2021[19]): Rundungsfehler, abrufbar unter: https://de.wikipedia.org/wiki/Rundungsfehler (zuletzt bearbeitet am 2. April 2019 um 03:48 Uhr), letzter Zugriff: 03.10.2021.

Wikipedia (2021[20]): Kartesisches Koordinatensystem, abrufbar unter: https://de.wikipedia.org/wiki/Kartesisches_Koordinatensystem (zuletzt bearbeitet am 8. August 2021 um 19:13 Uhr), letzter Zugriff: 28.09.2021.

Wikipedia (2021[21]): Exponentialfunktion, abrufbar unter: https://de.wikipedia.org/wiki/Exponentialfunktion (zuletzt bearbeitet am 16. Juni 2021 um 13:07 Uhr), letzter Zugriff: 28.09.2021.

Wikipedia (2021[22]): Massenmittelpunkt, abrufbar unter: https://de.wikipedia.org/wiki/Massenmittelpunkt (zuletzt bearbeitet am 12. Juli 2021 um 18:50 Uhr), letzter Zugriff: 28.09.2021.

Wikipedia (2021[23]): Charles Augustin de Coulomb, abrufbar unter: https://de.wikipedia.org/wiki/Charles_Augustin_de_Coulomb (zuletzt bearbeitet am 21. September 2021 um 08:06 Uhr), letzter Zugriff: 03.10.2021.

Wikipedia (2021[24]): Blaise Pascal, abrufbar unter: https://de.wikipedia.org/wiki/Blaise_Pascal (zuletzt bearbeitet am 23. September 2021 um 16:51 Uhr), letzter Zugriff: 03.10.2021).

Wikipedia (2021[25]): James Prescott Joule, abrufbar unter: https://de.wikipedia.org/wiki/James_Prescott_Joule (zuletzt bearbeitet am 7. Juli 2021 um 12:05 Uhr), letzter Zugriff: 03.10.2021.

Wikipedia (2021[26]): Pferdestärke, abrufbar unter: https://de.wikipedia.org/wiki/Pferdestärke (zuletzt bearbeitet am 17. September 2021 um 01:57 Uhr), letzter Zugriff: 06.10.2021.

Wikipedia (2021[27]): Perpetuum mobile, abrufbar unter: https://de.wikipedia.org/wiki/Perpetuum_mobile (zuletzt bearbeitet am 26. September 2021 um 16:25 Uhr), letzter Zugriff: 08.10.2021.

Literaturverzeichnis

Wikipedia (2021[28]): Hebel (Physik), abrufbar unter: https://de.wikipedia.org/wiki/Hebel_(Physik) (zuletzt bearbeitet am 6. Juni 2021 um 19:07 Uhr), letzter Zugriff: 08.10.2021.

Wikipedia (2021[29]): Flaschenzug, abrufbar unter: https://de.wikipedia.org/wiki/Flaschenzug (zuletzt bearbeitet am 16. September 2021 um 11:16 Uhr), letzter Zugriff: 08.10.2021.

Wikipedia (2021[30]): Thermodynamik, abrufbar unter: https://de.wikipedia.org/wiki/Thermodynamik (zuletzt bearbeitet am 09.2021 um 9,42 Uhr), letzter Zugriff: 14.10.2021.

Wikipedia (2021[31]): Atom, abrufbar unter: https://de.wikipedia.org/wiki/Atom (zuletzt bearbeitet am 2. Oktober 2021 um 10:38 Uhr), letzter Zugriff: 13.10.2021.

Wikipedia (2021[32]): Chemisches Element, abrufbar unter: https://de.wikipedia.org/wiki/Chemisches_Element (zuletzt bearbeitet am: 13. Mai 2021 um 14:55 Uhr), letzter Zugriff: 13.10.2021.

Wikipedia (2021[33]): Wärmeausdehnung, abrufbar unter: https://de.wikipedia.org/wiki/W%C3%A4rmeausdehnung (zuletzt bearbeitet am 1. September 2021 um 06:41 Uhr), letzter Zugriff: 18.10.2021.

Wikipedia (2021[34]): Konvektion, abrufbar unter: https://de.wikipedia.org/wiki/Konvektion (zuletzt bearbeitet am 7. Oktober 2021 um 12:22 Uhr), letzter Zugriff: 16.10.2021.

Wikipedia (2021[35]): Wärmestrahlung. Abrufbar unter: https://de.wikipedia.org/wiki/W%C3%A4rmestrahlung (zuletzt bearbeitet am 31. August 2021 um 20:18 Uhr), letzter Zugriff: 16.10.2021.

Wikipedia (2021[36]): Heizwert, abrufbar unter: https://de.wikipedia.org/wiki/Heizwert (zuletzt bearbeitet am 10. Oktober 2021 um 08:53 Uhr), letzter Zugriff: 16.10.2021.

Wikipedia (2021[37]): Avogadrosches Gesetz, abrufbar unter: https://de.wikipedia.org/wiki/Avogadrosches_Gesetz (zuletzt bearbeitet am 5. Oktober 2021 um 07:07 Uhr), letzter Zugriff: 20.12.2021.

Wikipedia (2021[38]): Isotop, abrufbar unter: https://de.wikipedia.org/wiki/Isotop (zuletzt bearbeitet am 4. Oktober 2021 um 14:47 Uhr), letzter Zugriff: 21.12.2021.

Wikipedia (2022[1]): Unendlichkeit, abrufbar unter: https://de.wikipedia.org/wiki/Unendlichkeit (zuletzt bearbeitet am 8. Dezember 2022 um 02:53 Uhr), letzter Zugriff: 31.12.2022.

Wikipedia (2022[2]): Zylinder (Geometrie), abrufbar unter: https://de.wikipedia.org/wiki/Zylinder_(Geometrie) (zuletzt bearbeitet am 18. Dezember 2022 um 00:35 Uhr), letzter Zugriff: 04.04.2023.

Wikipedia (2022[3]): Hydrostatischer Druck, abrufbar unter: https://de.wikipedia.org/wiki/Hydrostatischer_Druck (zuletzt bearbeitet am 11. November 2022 um 09:58 Uhr), letzter Zugriff: 04.04.2023.

Wikipedia (2023[1]): James Watt, abrufbar unter: https://de.wikipedia.org/wiki/James_Watt (zuletzt bearbeitet am 1. Januar 2023 um 08:26 Uhr), letzter Zugriff: 21.03.2023.

Wikipedia (2023[2]): Physikalische Größe, abrufbar unter: Physikalische Größe – Wikipedia (zuletzt bearbeitet am 9. Januar 2023 um 16:32 Uhr), letzter Zugriff: 21.03.2023.

Wikipedia (2023[3]): Kreis, abrufbar unter: https://de.wikipedia.org/wiki/Kreis (zuletzt bearbeitet am 8. März 2023 um 07:14 Uhr), letzter Zugriff: 04.04.2023.

Wikipedia (2023[4]): Daniel Bernoulli, abrufbar unter: https://de.wikipedia.org/wiki/Daniel_Bernoulli (zuletzt bearbeitet am 3. November 2022 um 09:10 Uhr), letzter Zugriff: 24.04.2023.

Wikipedia (2023[5]): René Descartes, abrufbar unter: https://de.wikipedia.org/wiki/Ren%C3%A9_Descartes (zuletzt bearbeitet am 8. März 2023 um 21:24 Uhr), letzter Zugriff: 24.04.2023.

Wikipedia (2023[6]): Anders Celsius, abrufbar unter: https://de.wikipedia.org/wiki/Anders_Celsius (zuletzt bearbeitet am 5. März 2023 um 02:30 Uhr), letzter Zugriff: 24.04.2023.

Wikipedia (2023[7]): Grad Celsius, abrufbar unter: https://de.wikipedia.org/wiki/Grad_Celsius (zuletzt bearbeitet am 2. Januar 2023 um 18:32 Uhr), letzter Zugriff: 24.04.2023.

Wikipedia (2023[8]): William Thomson, 1. Baron Kelvin, abrufbar unter: https://de.wikipedia.org/wiki/William_Thomson,_1._Baron_Kelvin (zuletzt bearbeitet am 13. März 2023 um 23:49 Uhr), letzter Zugriff: 24.04.2023.

Wikipedia (2023[9]): Kelvin, abrufbar unter: https://de.wikipedia.org/wiki/Kelvin (zuletzt bearbeitet am 27. Dezember 2022 um 17:08 Uhr), letzter Zugriff: 24.04.2023.

Zentrale für Unterrichtsmedien im Internet e. V. (ZUM) (2012): Arbeiten mit der losen Rolle, abrufbar unter: https://www.zum.de/dwu/pme203vs.htm, letzter Zugriff: 09.10.2021.

Anhang: Tabellen

Tab. A1: *Formelzeichen (nach DIN 1304)*

Formelzeichen	Einheit	Bezeichnung
l	m	Länge
b	m	Breite
h, H	m	Höhe/Tiefe
r	m	Radius, Halbmesser
s	m	Weglänge
δ	m	Dicke
d	m	Durchmesser
A, S	m²	Fläche
V	m³	Volumen, Rauminhalt
α, β, γ	°	Winkel
G, F_G	N	Gewichtskraft
m	kg	Masse
ρ	$\frac{kg}{dm^3}$	Dichte
t	s	Zeitdauer
n	$\frac{1}{s}$	Drehfrequenz
v, u	$\frac{m}{s}$	Geschwindigkeit
a	$\frac{m}{s^2}$	Beschleunigung
g	$\frac{m}{s^2}$	Fall-, Erdbeschleunigung
F	N	Kraft
M	Nm	Moment
p	$\frac{N}{m^2}$, Pa	Druck
μ	–	Reibungszahl
t	°C	Temperatur
T	K	absolute Temperatur
α	$\frac{1}{K}$	Längenausdehnungskoeffizient

Anhang: Tabellen

Tab. A1: *Formelzeichen (nach DIN 1304) – Fortsetzung*

Formelzeichen	Einheit	Bezeichnung
γ	$\frac{1}{K}$	Raumausdehnungskoeffizient
A, W	J	Arbeit
P	W	Leistung
W, E	J	Energie
η	–	Wirkungsgrad
Q	J	Wärmemenge
c	$\frac{J}{kg \cdot K}$	Spezifische Wärmekapazität
U	V	el. Spannung
I	A	el. Stromstärke
R	Ω	el. Widerstand

Tab. A2: *SI-Basiseinheiten*

Basisgröße	Formelzeichen der Basisgröße	Basiseinheit	Symbol der Basiseinheit
Masse	m	Kilogramm	kg
Stecke	s, l, d	Meter	m
Zeit	t	Sekunde	s
Stromstärke	I	Ampere	A
Temperatur	T	Kelvin	K
Stoffmenge	n	Mol	mol
Lichtstärke	I_v	Candela	cd

Anhang: Tabellen

Tab. A3: *Vorsilben der SI-Basiseinheiten*

Vorsilbe (Präfix)	Zeichen	Faktor	Vorsilbe (Präfix)	Zeichen Symbol	Faktor
Deka	da	10^1	Dezi	d	10^{-1}
Hekto	h	10^2	Centi	c	10^{-2}
Kilo	k	10^3	Milli	m	10^{-3}
Mega	M	10^6	Mikro	µ	10^{-6}
Giga	G	10^9	Nano	n	10^{-9}
Tera	T	10^{12}	Piko	p	10^{-12}
Peta	P	10^{15}	Femto	f	10^{-15}
Exa	E	10^{18}	Atto	d	10^{-18}

Tab. A4: *Griechisches Alphabet*

griechischer Kleinbuchstabe	Aussprache	lateinischer Buchstabe
α	alpha	a
β	beta	b
γ	gamma	c
δ	delta	d
ε	epsilon	e
ζ	zeta	z
η	eta	ä
θ	theta	th
ι	iota	i
κ	kappa	k
λ	lamda	l
μ	mü	m
ν	ny	n
ξ	xi	x
o	omikron	o (kurz gesprochen)

Anhang: Tabellen

Tab. A4: *Griechisches Alphabet – Fortsetzung*

griechischer Kleinbuchstabe	Aussprache	lateinischer Buchstabe
π	pi	p
ρ	rho	r
σ	sigma	s
τ	tau	t
υ	ypsilon	y
φ	phi	f
χ	chi	ch
ψ	psi	ps
ω	omega	o (lang gesprochen)

Tab. A5: *Dichte einiger fester Stoffe*

Feste Stoffe	ρ in $\frac{kg}{m^3}$
Aluminium	2,7
Beton (mittlerer Wert)	2,2
Blei	11,3
Eis bei 0°C	0,9
Erdreich (mittlerer Wert)	1,7
Glas	2,5
Holz frisch	0,75–1,1
Holz trocken	0,45–0,9
Kies	1,8
Kuper	8,6
Ziegel (mittlerer Wert)	1,8
Stahlbeton (mittlerer Wert)	2,4
Sandstein (mittlerer Wert)	2,5
Granit	2,8
Messing (mittlerer Wert)	8,5

Anhang: Tabellen

Tab. A5: *Dichte einiger fester Stoffe – Fortsetzung*

Feste Stoffe	ρ in $\frac{kg}{m^3}$
Papier	0,7–1,2
Sand	1,2–1,6
Stahl (mittlerer Wert)	7,8
Wolfram	19,2

Tab. A6: *Dichte einiger Flüssigkeiten*

Flüssigkeiten	ρ in $\frac{kg}{m^3}$
Ethanol	0,79
Benzin	0,68–0,81
Diesel	0,82–0,86
Salpetersäure	1,51
Schwefelsäure	1,83
Quecksilber	13,6
Wasser bei 4 °C	1

Tab. A7: *Dichte einiger Gase*

Gase bei 0 °C und 1013,25 mbar	ρ in $\frac{kg}{m^3}$
Acetylen	1,171
Ammoniak	0,771
Kohlenmonoxid	1,25
Kohlendioxid	1,977
Luft	1,29
Propan	2,019
Sauerstoff	1,429
Stickstoff	1,25
Wasserdampf	0,88
Wasserstoff	0,09

Anhang: Tabellen

Tab. A8: *Spezifische Wärmekapazität einiger Stoffe (nach Chemie.de, o. A[3])*

Stoff	spez. Wärmekapazität c in $\frac{kJ}{kg}$
Aluminium	0,90
Blei	0,13
Eis	2,10
Eisen	0,45
Ethanol	2,43
Helium	3,18
Holz (trocken)	≈ 1,5
Kupfer	0,39
Luft	0,72
Petroleum	2,14
Silber	0,24
Wasser (4 °C)	4,2
Wasserstoff	1,0
Wolfram	0.13
Zinn	0,23

Tab. A9: *Wärmeleitfähigkeit einiger Stoffe (nach LernHelfer, 2010[2])*

Wärmeleitfähigkeit einiger Stoffe in $\frac{W}{m \cdot K}$			
gute Wärmeleiter		schlechte Wärmeleiter	
Aluminium	234	Beton	1,1
Gold	311	Glas	0,6 ... 0,9
Kupfer	398	Holz	0,2
Stahl	41 ... 58	Styropor	0,045
Wolfram	169	Luft	0,025
		Wasser	0,58

Anhang: Tabellen

Tab. A10: *Heizwerte einiger Gase*

Gasart	Formel	unterer Heizwert in $\frac{MJ}{m^3}$
Wasserstoff	H_2	10,77
Kohlenstoff-monoxid	CO	12,60
Methan	CH_4	36,03
Propan	C_3H_8	90,58
Butan	C_4H_{10}	118,3
Acetylen	C_2H_2	56,26